Art Design of Nail

문정은 · 백은성

경춘사

Art Design of **Nail**

지은이 문정은 · 백은성
발행인 안중기
발행처 도서출판 경춘사
등록번호 제10-153(1987. 11. 28)

인 쇄 2011년 8월 30일
발 행 2011년 9월 10일

서울 특별시 마포구 공덕 1동 117-25
경춘빌딩 101호

전화 716-2502, 714-5246
팩스 704-0688

값 18,000원

ISBN 978-89-5895-093-6 13590

책을 내면서

Preface

인류의 역사와 함께 눈부시게 발달하여온 미용기술은 현재 인간의 미적 욕구를 만족시키기에 충분한 수준으로 접근하고 있다. 더불어, 네일아트라는 새로운 미용분야는 소재산업의 발전, 표현양식 및 기술개발 등으로 괄목할 만하게 성장하고 있다.

최근 들어서는 어느 지역에서나 네일숍을 찾아볼 수 있을 만큼 살롱의 수가 증가하면서, 누구나 쉽게 네일아트를 접할 수 있게 되었다. 네일아트의 대중화에 따라 교육기관 · 제품업체 · 살롱 등 관련 사업들도 크게 활성화되고 있으며, 네일아트 자체도 독립된 실용예술의 하나로 자리매김하고 있으며 대중의 관심을 끌고 있다.

이러한 네일산업의 발전과 네일아트에 대한 관심의 증가는 네일아트에 대한 학문적 체계화와 이론화를 가속화시키는 원동력이 되었다. 따라서 현장의 축적된 기술적 노하우와 다양한 창의적 시도들을 담아낼 수 있는 정선된 교재의 필요성은 그 어느 때보다 높다고 할 것이다.

저자는 이론적 배경에 근거하여 현장에서 실질적으로 필요한 테마들을 중심으로 교재를 구성하려고 나름대로의 최선을 다하였으나, 출판에 즈음하여 부족한 부분에 아쉬움을 느낀다. 가까운 장래에 보다 풍부한 사례들을 중심으로 본 교재를 보완할 것을 내심 기약하며, 본 교재가 네일아트를 전공하는 학생들과 후배들에게 미약하나마 이론적 · 실무적 도움이 되기를 소망한다.

경춘사 안민웅 부장님을 비롯하여, 그간 이 모양새 저 모양새로 아낌없이 도움을 베풀어 주신 관계자분들께 진심어린 감사의 뜻을 전하고자 한다.

2011. 8월 저자

Contents

Chapter 03 기초 이론 31

Part 2. 네일 실기 43

Chapter 01 컬러링 44

Chapter 02 매니큐어 50

01

Part 01

네일 관리 이론

Art Design of Nail

Nail Art

Chapter 01 네일 관리의 역사

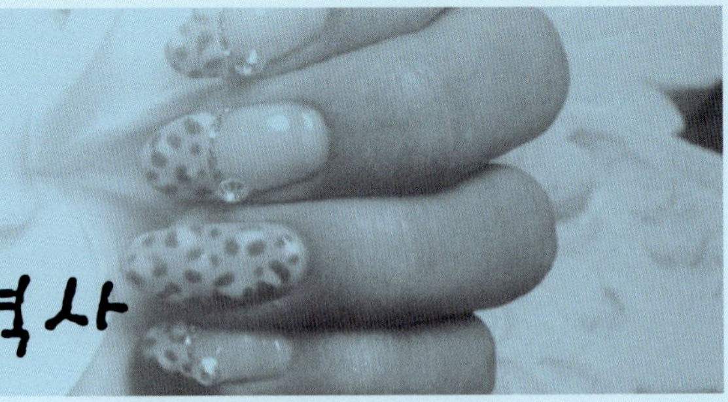

1. 네일 관리의 유래

손톱을 건강하고 아름답게 가꾸어 주는 기술과 전문지식을 가진 사람을 네일리스트(Nailist) 또는 네일 테크니션(Nail Technician)이라고 한다. 네일 케어는 1800년대 이후로 일반인에게 점차 대중화되기 시작하여 현대에 이르기까지 많은 변화와 발전의 과정을 거쳐 왔는데 그 역사는 바빌론 BC3000년 전으로 거슬러 올라갈 만큼 오랜 역사를 가지고 있다.

약 5000년의 역사를 가진 네일 관리는 '매니큐어(Manicure)' 라는 하나의 단어에 의미가 집약되어있다. 일반적으로 '매니큐어(Manicure)' 란 손톱에 색을 칠하는 것으로 인식하고 있는 경우가 많으나 진정한 의미의 매니큐어는 '네일(Nail)의 손질 및 관리법' 을 뜻한다. Nail Care는 네일의 모양과 큐티클 정리, 손과 발의 마사지, 컬러링 등을 포함한 총괄적인 손과 발의 관리를 의미하며 크게 매니큐어와 페디큐어로 분류된다.

매니큐어(Manicure)는 라틴어의 Manus(hand)와 Cura(care)에서 파생되었으며 페디큐어(Pedicure) 역시 Pedi(발)와 Cura(관리)에서 유래된 것이다.

2. 네일 관리의 역사

네일관리의 5000년 역사는 이집트인의 무덤에서 발견된 금으로 된 정교한 매니큐어도구 세트로 그 사실이 증명된다. 이집트에서는 손톱의 색깔이 신분을 나타내는 중요한 기준으로 여겨져 헤나(henna)라는 관목에서 빨간색과 오렌지색을 추출한 뒤 왕족은 짙은 색으로, 낮은 계층의 사람들은 옅은 색으로 손톱을 물들였다고 전해진다. 또한 미라의 손톱에도 색상을 칠하거나 태양신에게 바치는 제사에도 사용하였다고 한다.

같은 시기 중국에서도 벌꿀과 계란 흰자위, 아라비아산 고무나무에서 얻어진 것으로 지금의 에나멜(Enamel)에 해당하는 액을 만들어 손톱에 발랐다고 전해진다. 기원전 600여 년경에 중국의 귀족들은 금색과 은색의 페인트를 칠했으며 당나라 현종황제(719~756)의 황후인 양귀비는 손톱에 염색을 했다는 기록이 전해진다. 15세기에 들어와서 중국의 명나라 왕조는 흑색과 적색을 손톱에 발랐으며 입술연지를 바르는 '홍화'의 재배가 유행하여 이것을 네일에도 발랐는데 이를 '조홍'이라 하였다.

중세 시대에는 고대와는 달리 남자들도 네일 관리를 시작하였는데 전쟁터에 나가는 지휘관들도 손톱을 입술과 같은 색을 칠함으로 용맹을 과시하며 승리를 기원했다. 또한 17세기 인도의 여성들은 네일 매트릭스(Nail Matrix)에 문신바늘로 색소를 주입하여 상류층임을 과시하였다. 역사에서의 가장 긴 손톱은 17C 중국 상류로 거슬러 올라가며 이 시기의 남성과 여성은 부를 상징하기 위해 5인치 정도의 긴 손톱을 기르는 것을 좋아했다. 커브 되어 있는 손톱이 깨지고 손상되는 것을 막기 위해 정교한 보석으로 치장된 금이나 대나무 부목으로 손톱을 보호했다. 이외에 17C 프랑스의 베르사유 궁전에서는 한손가락만 길게 기르는 습성이 있었는데 문을 노크하는 행동은 세련되지 못한 것이라 여겨 노크하는 대신 긁기 위한 것이었다.

1800년대 이후로 네일 케어가 일반인에게 점차 대중화되기 시작하였는데 1880년대 포인티드(Pointed)형이 유행하였고 유럽에서 매니큐어(Manicure)가 본격적으로 발전하기 시작하였다. 1892년에는 네일 케어가 여성들의 새로운 직업으로 미국을 중심으로 도입되었다.

3. 네일 관리의 시대적 변천사

1800 네일이 일반인들에게 점차 대중화되기 시작. 여성스럽고 엘레강스해 보이는 아몬드형 손톱 모양이 유행하기 시작. 향이 있는 빨간 기름을 바른 후 샤미스(Chamois:염소나 양의 부드러운 가죽)로 색깔이나 광을 내기도 함

1830 발전문의사인 시트(Sits)가 치과에서 사용하던 기구와 도구에서 착안한 오렌지 우드스틱을 네일 케어에 사용

1885 네일 에나멜(Nail Enamel)의 필름 형성제인 니트로 셀룰로스가 개발됨

1892 여성들의 새로운 직업으로 발 전문의사인 시트의 조카에 의해 네일 케어가 여성의 새로운 직업으로 미국에 도입됨

1900 메탈 가위와 메탈 파일을 이용한 네일 케어 시작. 옅은 색 크림(wax와 비슷한 종류) 또는 가루로 손톱에 광을 내거나 낙타의 털을 이용한 브러시로 손톱에 광을 내 주었음. 유럽에서도 네일 케어가 본격적으로 시술되기 시작

1910 매니큐어 제조회사 플라워리(Flowery)사가 뉴욕시에 세워져 금속화일 · 사포로 된 파일 제작

1917 보그(Vogue) 잡지에 닥터 코로니(Dr. Korony)가 도구와 기구를 사용하지 않는 네일 홈케어 제품을 선보임

1925 네일 에나멜 제품이 본격적으로 시판되기 시작. 상점에서 쉽게 구입할 수 있게 됐으며 당시 여성들은 흐린 색상의 네일 에나멜을 주로 발랐음

1927 프렌치 매니큐어(French Manicure), 흰색 에나멜과 크림 리무버가 제조됨. 프랑스에서 유래

1930 제나(Gena)연구팀에 의해 에나멜 리무버(Enamel Remover), 워머 로션(Warmer Lotion), 큐티클 오일(Cuticle Oil)이 만들어짐. 다양한 계열의 컬러가 출시됨. 전기를 이용해 손톱에 광택 내는 기구 등장

1932 레브론(Revlon)사에서 립스틱과 잘 어울리는 색상의 다양한 컬러의 네일 에나멜 출시

1935 인조손톱 개발

1940 네일 케어 유행. 남성 습식 매니큐어가 이발소에서 시작

1948 미국의 노린 레호(Noreen Reho)에 의해 매니큐어 작업 기구 사용

1950 자연 네일, 자연색상 유행

1952 국내 최초 정화 예술학교에서 네일케어 수업 시작

1957 네일 팁 사용이 지속적으로 늘고 아크릴릭 네일과 페디큐어 등장.

헬렌 걸리(Helen Gourley)가 미용학교에서 네일 관리 교습 시작

1960 실크(Silk)와 린넨(Linen)의 이용으로 약한 네일 보강

1967 트리트먼트 제품 출시 시작

1970 본격적인 아크릴릭 네일이 행해져 좀 더 자연스럽고 강한 네일을 갖게 됨. 여성들이 특히 긴 손톱을 선호하고 아름다움을 표현

1973 미국의 네일회사 IBD가 처음으로 네일 접착제와 접착식 인조네일 개발

1975 미국의 식약청에 의해 메틸 메타크릴레이트(Methyl Methacrylate)와 같은 아크릴릭 화학제품이 인체에 해를 끼친다고 판명되어 사용금지 처분됨

1976 스퀘어(Square) 형태의 네일이 유행. 네일팁 · 아크릴릭 네일 · 파이버 랩(Fiber Wrap) 등이 등장. 네일아트가 미국에 정착

1981 에시(Essie) · 오피아이(OPI) · 스타(Star) 등 제조회사에서 네일 전문제품 출시

1982 미국인 타미 테일러(Timmy Taylor)가 파우더, 프라이머, 리퀴드 등 아크릴릭 네일 개발

1989 네일 산업 본격적인 활성화 시작

1992 NIA(The Nails Industry Association)창립. 네일 산업의 본격화 · 정착화

1994 라이트 큐어드 젤 시스템(Light Cured Gel System)등장. 미국 뉴욕 주 네일 테크니션 면허제도 도입

4. 국내외 네일 시장 현황

한국에서는 1995년 이후 네일산업이 시도되면서 1998년에서 2000년에 이르러 급성장하였고 현재 전국의 미용관련 업종에 고르게 진출해 있다. 네일제품을 수입, 유통, 판매하는 회사와 직접 제조 유통하는 회사에 이르기까지 수많은 회사가 성장을 거듭하고 있다.

네일케어의 종주국인 미국에서는 네일 케어 및 관련 산업이 1800년을 기점으로 싹트기 시작해 1970년 소수의 유태인에 의해 네일 시술이 이루

어졌다. 1980년대에는 한인교포들이 뉴욕을 중심으로 활동하면서 네일리스트가 여성 전문직으로 각광받으며 미용실보다 네일살롱이 더 눈에 뜨일 정도로 호경기를 맞이했으며, 2002년 기준 한인 네일 테크니션은 뉴욕 네일 시장의 60~70%를 점유하고 있는 것으로 집계되었다. 그러나 근래에는 중국계나 베트남계 여성들의 미국 네일계 진출이 매우 높아져 있다.

미국은 세계 최대 규모의 시장을 형성하고 있는 네일 강국으로 꼽힌다. 미국의 네일시장은 지난 2000년부터 지속적인 성장을 기록해 온 가운데 2004년 68억 4000달러로 정점을 기록한 뒤 미국발 금융위기와 세계적인 경기침체 속에서 2004년부터 3년 연속 매출 하양세 돌아선 것으로 조사됐다. 그러나 2007년 기준 61억 6000달러 규모로 하락세를 형성하기도 했지만 현재 미국 네일산업의 80억 달러 매출기록의 산업적 성장을 이루어 내고 있다.

이웃나라 일본은 생활 습관이나 종교에서 오는 관습의 차이 등으로 인해 네일 산업이 본격적으로 도입이 된 것은 미국에 비해 다소 늦은 1980년 중반이다. 그러나 1989년에는 네일아트 1회 대회가 개최되었고 1993년 이후부터 본격적으로 활성화되기 시작하여 현재까지 꾸준한 성장세를 보이고 있다. 일본은 기후가 습하며 '섬나라' 라는 지역적 요인으로 인해 네일 테크닉 중 손톱에서 잘 떨어지지 않고 기후에 강한 아크릴릭 시술이 가장 발달되기도 하였다. 그러나 최근에는 젤 네일이 가장 많이 선호되고 있다. 다신(多神)을 섬기는 탓으로 네일 컬러 또한 화려하고 현란하게 나타나고 있으며 미주 지역과 달리 동양인 피부에 어울리는 여러 가지 다양한 디자인이 발달되었다.

중국에 네일산업이 들어온 것은 1990년대 중반으로 베이징, 상하이, 광저우, 선전 등 도시에서 빠르게 발전하고 있다. 2008년 기준 중국 내 유명 프랜차이즈 기업은 30여개로 대부분 민영기업의 형태를 띠며 특허체인점은 2만개, 네일산업 종사자는 30만명에 달하는 것으로 집계되었다. 2008년 중국의 네일산업 규모는 연간영업액 기준, 약 700억 위안으로 향후 13% 폭으로 성장 할 것으로 전망된다고 보고된바 있다. 중국 대륙의 화려함과 역사는 예술적인 감각과 정교한 기술, 레드 계열 및 금 · 은, 검정색의 조화 등을 통해 손톱 위에 구현되고 있다.

한국에 네일 산업이 본격적으로 도입된 것은 1995년경이며 활성화 시기는 2002년 정도로 파악되는데 급격한 경제발전과 문명의 발달로 여러 가지 다양한 직업 중 서비스업이 어느 직종보다도 많은 발전을 이루어왔다. 특히 미용 산업 중 네일분야는 개개인의 독특한 개성을 표현하고자 하는 욕구와 더불어 괄목할만한 성장을 가져왔다. 2005년 기준 우리나라 미용 산업의 시장규모는 연간 5조원에 달했는데 이중 네일이 차지하는 비율은 5~10%정도로 네일시장의 규모가 연간 3000억 원~4천억 원 정도에 이른 것으로 보고 되었다. 또한 2008년 집계된 미용종사자수 약 14만 명 중 네일과 메이크업을 합산한 수는 6548명으로 전년대비 39% 늘어난 비율을 보이기도 했다. 2010년 기준 국내 뷰티산업의 규모는 11조 4천억에 이르며 네일 샵의 수는 전국 10,000여개로 추정되고 있다. 백화점 내 뿐만 아니라 로드샵(Road Shop), 샵 인 샵(Shop in Shop)등의 형태로 다양하게 분포되어 있으며 네일의 대중화에 따라 많은 네일 교육기관 · 제품업체 등이 함께 활성화되고 있다.

Nail Art

Chapter 02 손톱의 구조와 특성

네일리스트로서 고객에게 전문적이고 책임감 있는 네일 서비스를 제공하기 위해서는 손톱의 구조와 기능을 알고 손톱에 나타날 수 있는 질병에 관한 전문지식을 쌓아야한다.

손톱은 인체에서 다음과 같은 기능을 하고 있다. 손톱은 인체의 건강상태를 나타내는 한 부분으로 인체의 어느 부분에 이상이 생기면 손톱에도 이상 현상이 나타나는 경우가 많다. 또한 지지대의 역할을 해주어 손가락 끝과 발가락 끝의 말단부분에 힘이 가해지도록 도와 힘을 지탱하거나 물체를 집는 것을 용이하게 한다.

1. 손톱의 형성과 성장

손톱은 태아가 자궁에서 형성될 때 나타나기 시작하며 임신 8~9주경에 손톱이 형성되는 부위에 표피의 각질층과 투명층이 변해 반투명의 각질판으로 변하는데 이것을 손톱의 태동이라 한다. 손톱을 전문적 용어로는 오닉스(Onyx)라고 하며 케라틴이라는 단백질로 구성되어 있는 죽은 세포들의 집합체이다

손톱의 성장은 네일루트(Nail Root)부분에서 시작되며 매트릭스(Matrix)에서 손톱의 세포를 생산하여 성장한다. 만약 매트릭스에 압력이 가해지거나 상처를 입으면 손톱이 기형이 되거나 성장을 멈추기도 한다.

손톱은 한 달에 약 3mm정도, 하루 평균 0.1mm정도의 길이가 자라는데 이는 나이나 건강상태, 생활습관, 주위환경에 따라 차이가 있을 수 있다. 임신 중이거나 흡연을 하는 경우 손톱의 성장은 느려지고 날씨가 추운 겨

울 역시 손톱이 자라기 어려운 환경이다. 반대로 여름은 겨울보다 손톱이 잘 자라는데, 같은 계절이라도 엄지손톱의 성장이 가장 느리며 중지손톱의 성장이 가장 빠르다. 또 손톱을 자주 사용하는 경우(타이핑 등)와 습관적으로 깨물거나 자주 깎는 사람도 평균보다 빨리 자라는 경향이 있다. 손톱의 손상으로 조갑이 탈락되고 회복되는 데는 6개월 정도의 시간이 걸리며 발톱은 손톱의 1/2정도 느린 속도로 성장한다.

2. 손톱의 특성

1) 손톱의 구성 성분과 영양

① 손톱은 케라틴(Keratin)이라는 섬유단백질로 구성되며 탄소 51.9%, 산소 22.3995%, 질소16.09%, 황 2.80%, 수소 0.82%로 구성되어 있으며 대략 12~18%의 수분을 함유하고 있다.

② 손톱의 경도는 손톱에 함유된 수분의 양이나 각질 조성에 따라 다르다.

③ 네일 바디(Nail Body)는 산소를 필요로 하지 않으나 큐티클(Cuticle)과 네일 루트(Nail Root)는 산소를 필요로 하며 네일베드(Nail Bed)의 혈관으로부터 산소를 공급받는다.

④ 손톱은 피부의 일부로 머리카락과 같은 단백질과 케라틴으로 만들어져 있으나 손톱의 케라틴은 피부나 모발의 케라틴 보다 딱딱하며 손상부위에 영양분을 공급해도 회복되지는 않는다.

⑤ 손톱의 성장과 상태는 건강 상태, 혈액 순환, 인체에 필요한 무기질의 적절한 공급과 관련이 깊다.

2) 건강한 손톱이란?

① 적당한 유분과 수분(12~18%)을 함유하고 있어야 한다.

② 단단하고 탄력이 있어야 하며 손톱이 네일 베드에 강하게 밀착되어 있어야 한다.

③ 네일 바디에 결이 없고 표면이 매끄러우며 광택이 있어야 한다.

④ 연한 핑크빛을 띄고 둥근 아치형의 커브를 지니고 있어야 한다.
⑤ 세균이 감염되지 않은 상태여야 한다.

3. 손톱의 구조

손톱의 구조는 손톱자체(Nail Body, Nail Root, Free edge)와 손톱 밑의 피부조직, 손톱을 둘러싼 피부로 크게 나눌 수 있다.

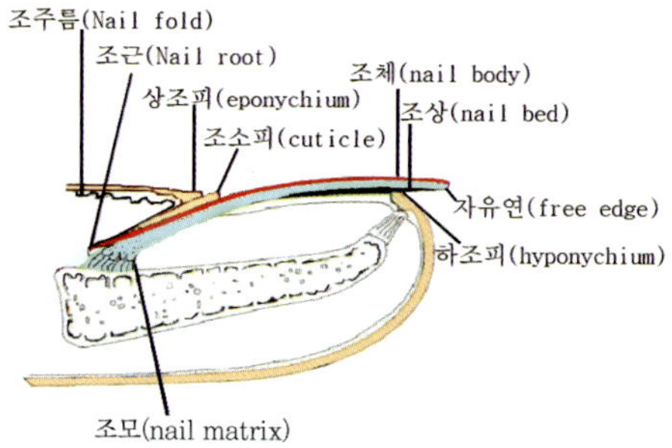

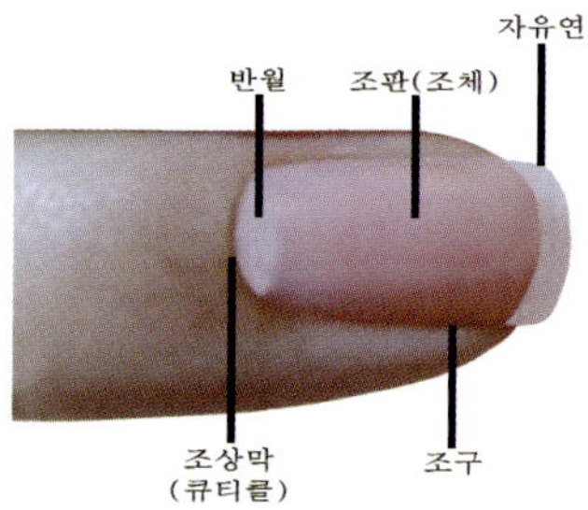

손톱의 구조

1) 손톱의 기본

① 손톱 뿌리(조근:Nail Root) : 새로운 세포조직을 형성하는 곳으로 손톱이 자라기 시작하는 부분이며 매우 부드럽고 얇다. 경화되고 오래된 세포들을 밖으로 내보내 박테리아와 이물질로부터 보호하며 네일 베드의 모세혈관으로부터 산소를 공급받는다.
② 네일 바디(조체, 조판:Nail Body/Nail Plate) : 육안으로 보이는 네일 부분으로 네일 베드의 보호 작용을 하며 여러 겹으로 이루어진 각질 세포로서 신경조직은 없다. 아랫부분은 연약하고 윗부분으로 갈수록 강한 강도를 갖는다.
③ 프리엣지(자유연:Free edge) : 네일 베드 없이 손톱만 자라 나온 곳으로 손가락 바깥으로 나와 있는 손톱의 끝부분을 말한다.

2) 손톱 밑의 구조

① 매트릭스(조상 : Matrix) : 네일 루트 바로 밑에 있으며 모세혈관, 림프, 신경조직 등이 있어 손톱을 만드는 세포를 생성하고 성장시키는 역할을 한다. 만일 이곳이 손상되면 손톱이 더 이상 자라지 않거나 기형이 될 수 있으므로 주의해야 한다.

② 네일 베드(조모 : Nail Bed) : 네일 바디 밑에 있는 피부로 지각신경 조직과 모세혈관이 있어 손톱이 핑크빛을 내도록 하는 역할을 하며 손톱의 성장에 필요한 영양과 수분을 공급한다.

③ 루눌라(조반월 : Lunula) : 반달모양의 흰색으로 네일 베드와 매트릭스, 루트를 연결해 준다. 완전히 케라틴화 되지 않은 여린 부분이다.

3) 손톱 주위의 피부

① 큐티클(조상피, 감피 : Cuticle) : 손톱부분을 덮고 있는 피부로 건강한 큐티클은 수분과 탄력을 지니고 있다.

② 하이포니키움(하조피 : Hyponychium) : 손가락 끝에서 네일 바디로 들어가기 시작하는 부분 즉 프리엣지 밑의 돌출된 피부로 박테리아침입으로부터 손톱을 보호한다.

③ 이포니키움(상조피 : Eponychium) : 루눌라를 덮고 있는 손톱 위의 얇은 피부조직을 말한다.

④ 네일 그루브(조구 : Nail Groove) : 네일베드를 따라 자라는 손톱 양측면의 패인 홈 부분을 말한다.

⑤ 네일 월(조벽 : Nail Wall) : 손톱의 양측을 지지하는 피부부분으로 손톱과 뿌리 부분을 밀착보호하기 위해 있다.

⑥ 네일 폴드(Nail Fold) : 네일루트(Nail Root)가 묻혀 있는 손톱으로 베이스에서 깊이 접혀있는 부분을 말한다.

⑦ 파로니키움(Paronychium) : 손톱 전체를 둘러싼 피부 조직을 말한다.

⑧ 하이포니키움(Hyponychium) : 프리엣지 밑 부분의 피부를 말하며, 손톱아래 살과 연결된 막으로 박테리아의 침입으로부터 손톱을 보호한다.

발톱의 구조는 손톱과 기본적으로 같으며 구조의 명칭도 같다.

4. 네일의 질병

네일리스트는 네일의 질병과 비정상적인 상태에 대한 지식을 가지고 있어 네일의 상태를 육안으로 확인하고 시술가능 여부를 판단할 수 있어야 한다. 만약 치료를 필요로 하는 질병을 가진 고객에게는 의사에게 갈 것을 권유해야 한다.

오닉스(Onyx)는 네일을 지칭하는 전문 용어로 이는 손톱과 관련된 뜻을 가지는 그리스어 오니코(Onycho)에서 기인된 것이다. 대부분의 손톱의 비정상이나 이상 상태는 그리스 어원에서 비롯된 '오니코'로 시작하거나 끝나는 경우가 많다. 예를 들어 '오니코시스(Onychosis)'는 네일과 관련된 모든 질환을 총칭하는 단어이다.

다음은 네일과 관련된 장애 또는 이상 상태를 설명한 것으로 일반적인 용어와 의학 용어를 같이 나열하였다.

1) 비정상 상태의 손톱

(1) 네일아티스트가 시술할 수 있는 이상 상태의 손톱

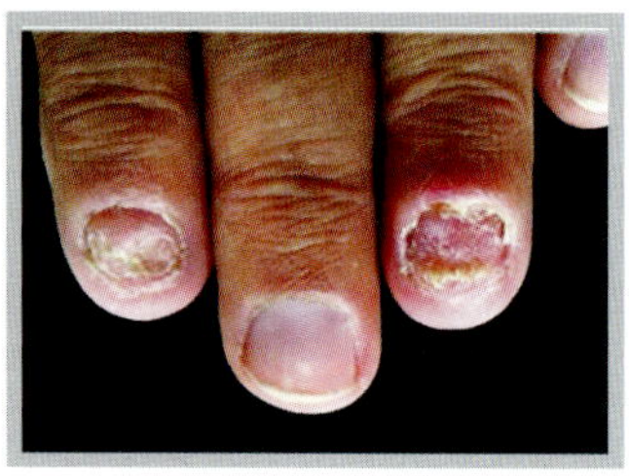

① 오니코트로피아(조갑 위축증 Atrophy / Onychatrophia)

손톱이 없어지는 증상으로 손톱의 광택이 없어지고 오므라들며 떨어져 나가는데 심하면 완전히 없어질 수도 있다. 강한 합성 세제나 화학 물질에 하이포니키엄(Hyponychium)이 노출될 경우에 이런 증상이 유발될 수 있다. 때로 진균(Fungus)과 혼동되는 경우가 있는데 일단 의사와 상의하도록 권유해야 한다. 증상이 심하지 않은 경우에는 매우 조심스럽게 네일 관리를 해야 한다. 푸셔를 강하게 사용해서는 안 되며 알칼리성 세제를 사용해선 안 된다.

② 오니코파지(교조증 Onychophagy)

정서적 불안이나 욕구 불만 등에 의한 습관으로 손톱을 물어뜯는 증상에서 비롯된다. 인조네일을 부착함으로써 이런 습관을 고칠 수 있다.

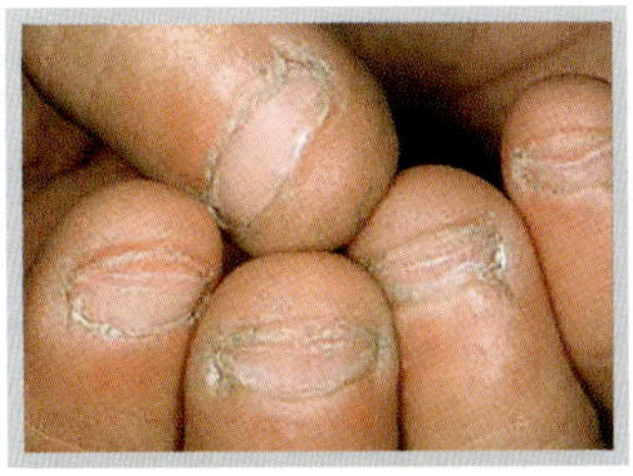

③ 오니코카노시스(조갑청맥증 Onychocyanosis)

손톱의 색이 푸르스름하게 변하는 증상. 이것은 혈액순환이 제대로 이루어지지 않아 나타나는 증상이므로 네일 관리를 정규적으로 할 수는 있으나 의사와 상의할 것을 권유해야 한다.

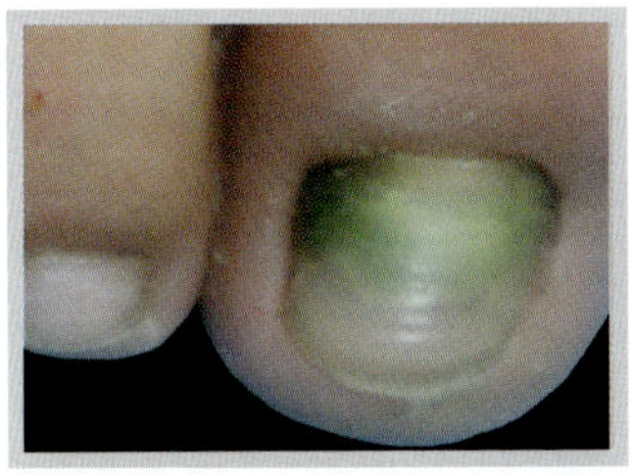

④ 헤마토마(혈종 Hematoma)

상해로 인해 손톱 밑의 혈액이 응고된 상태이며 조모(Matrix)가 다치지 않았다면 몇 개월이면 새로운 네일이 자라게 된다. 만약 네일이 잘 고정되어 있는 상태이면 에나멜을 바르거나 인조 네일을 부착한다.

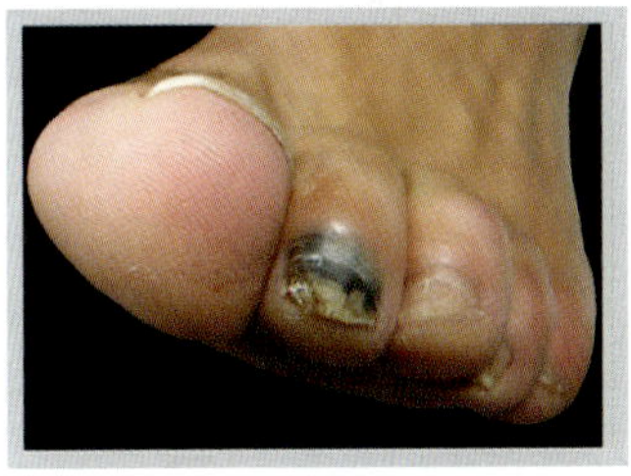

⑤ 보우라인(보우선 Beau's lines)

조체에 생긴 가로 함몰선(Depressions)으로 국소성 외상, 영양 상태 불량, 열병, 복용 약물 부작용 등으로 인해 발생한다. 가끔 아토피성 습진이나 손의 만성 습진으로도 생긴다. 이러한 원인들에 의한 손톱 성장의 일시적 중지로 생기며 원인 인자가 발생한 후 한 달쯤 후에 나타나는 경향이 있다. 병변은 대개 원위부로 밀려가면서 자연 소실된다.

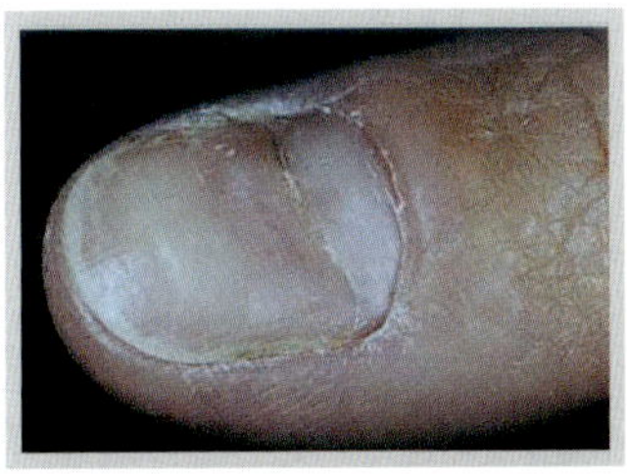

⑥ 퍼로우(주름진 손톱 Corrugation. Furrow)

세로나 가로로 골이 파진 손톱 'Furrows' 라고도 한다. 순환기 계통의 이상이나 식습관, 질병, 신경성 등에 기인한다. 네일의 외관을 위해 버핑 작업을 하거나 인조 네일을 부착할 수 있다.

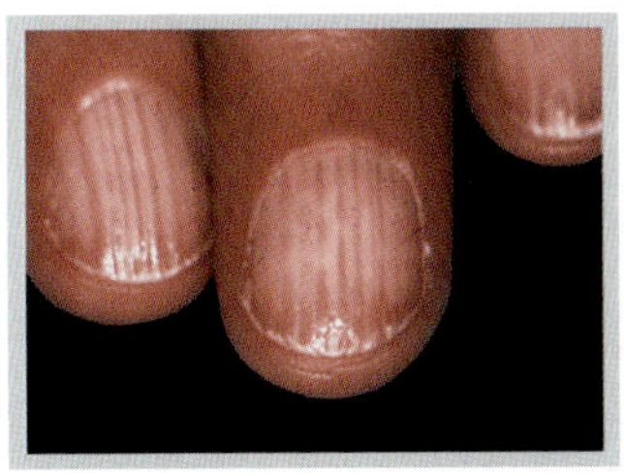

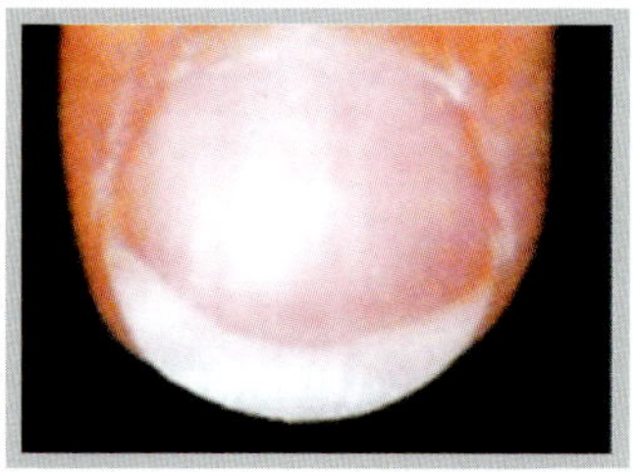

⑦ 에그쉘 네일(조갑 연화증 Eggshell nail)

네일의 프리엣지 부분이 휘면서 전체적으로 얇고 약해지며 흰색을 띠는 네일이다. 식습관이나 질병, 신경성에서 비롯되는 증상이다. 이런 네일을 관리할 때는 약한 파일을 사용하고 푸셔 이용시에 힘을 빼고 조심스럽게 시술한다.

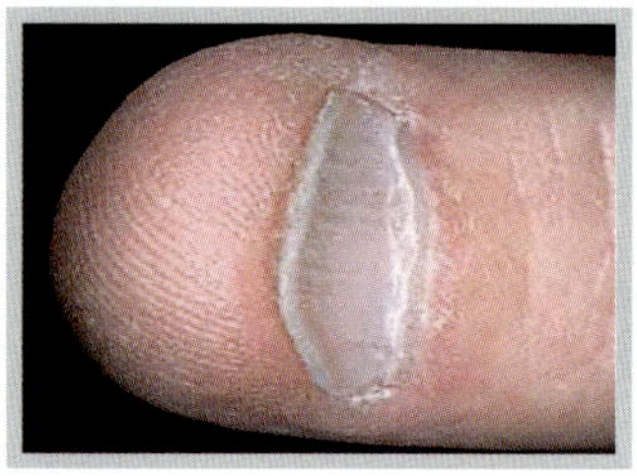

⑧ 코일로니키아(스푼형 조갑 Koilonychia)

조체가 숟가락처럼 오목하게(Concave)들어가 있다. 조갑판이 얇아지고 부드러워지기 때문에 생기며 치료하면 해결되며 흔히 철분 결핍성 빈혈(Plummer-Vinson 증후군)과 동반된다. 소아에서의 스푼형 조체는 정상으로 나이가 들면 개선된다.

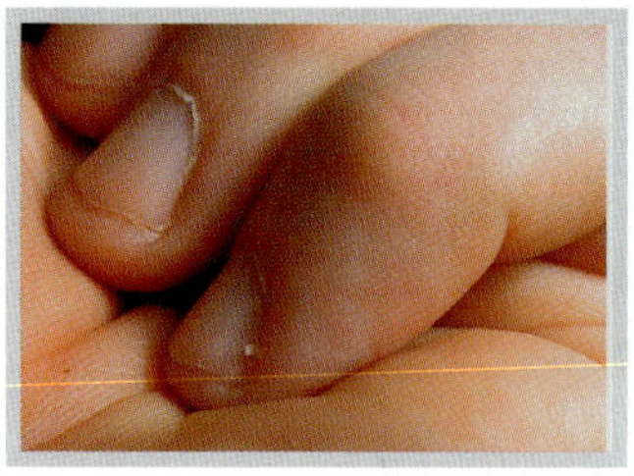

⑨ 행 네일(거스러미 Hang Nail)

큐티클 또는 큐티클 주위의 살이 너무 건조하거나 큐티클을 너무 짧게 손톱을 잘못 잘랐을 때 생길 수 있으며 비누, 합성세제, 화학제에 의해 건조해진다. 큐티클 오일을 자주 바르거나 핫오일 매니큐어로 치유될 수 있다.

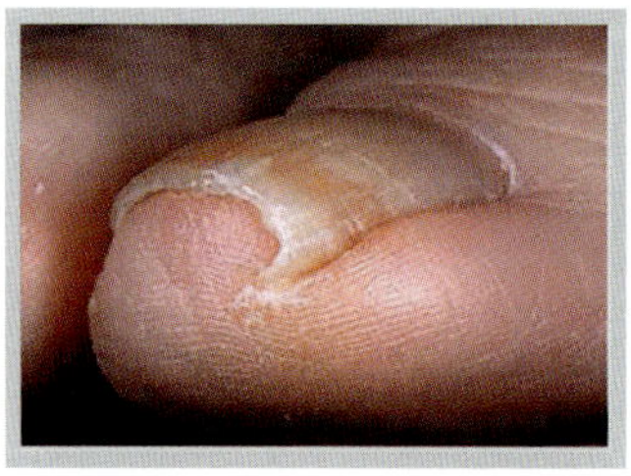

⑩ 오니코크립토시스(조내생증 Ingrown Nail, Onychocryptosis)

손톱, 발톱이 체벽 쪽으로 파고들며 자라는 증상으로 네일을 너무 바싹 깎는 경우 또는 지나치게 꽉 끼는 신발을 신는 경우 발생할 수 있다. 심하지 않은 경우 스퀘어 라인으로 손톱과 발톱을 정리해 주고 매니큐어나 페디큐어로 이 증상을 완화시킬 수 있으나 심한 경우에는 반드시 의사에게 가도록 한다.

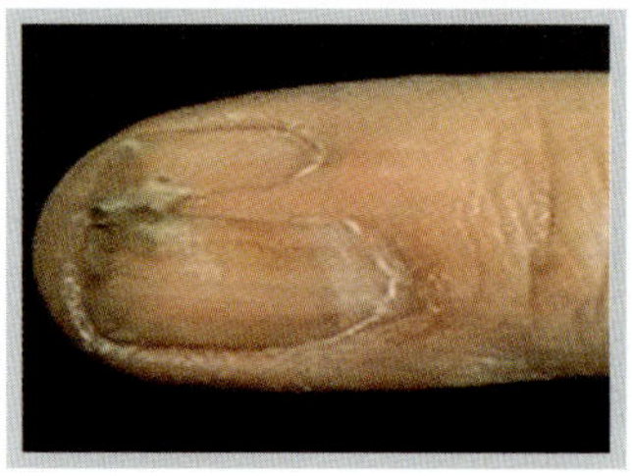

⑪ 테리지움(조갑익상편 Pterygium)

큐티클이 손톱이 자라면서 네일 플레이트 위로 같이 자라나는 증상이며, 핫크림 매니큐어로 교정할 수 있다.

⑫ 오니콕시스(조갑비대증 Onychauxis)

내과적 질병이나 상해로 인하여 유발되는 증상으로 두께는 버핑 작업을 통해 감소시킬 수 있고 길이도 손톱을 깎고 다듬는 과정을 통해 손질될 수 있으나 의사와 상의하도록 권한다.

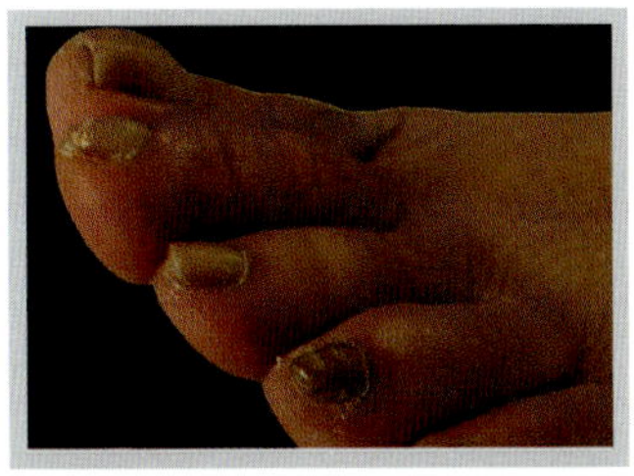

⑬ 오니코렉시스(조갑 종렬증 Onychorrhexis)

손톱이 세로로 갈라지고 찢어지는 것으로서 강한 알칼리성 비누나 리무버의 과다사용, 갑상선 기능저하증, 비타민 A · B 결핍이 원인이다. 2주일에 한번 핫오일 매니큐어를 통해 증상을 완화시킬 수 있다.

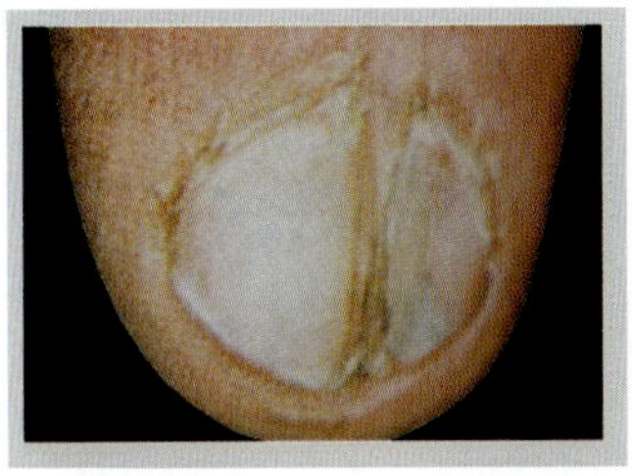

⑭ 루코니키아(조색반증 Leukonychia)

손톱에 하얀 반점이 있는데 질병이나 상처로 인해 생긴다. 케라틴화가 덜된 미세한 공기주머니가 떨어져서 생긴 것이며 손톱이 자라면 잘라 내거나 에나멜을 칠하여 감추도록 한다.

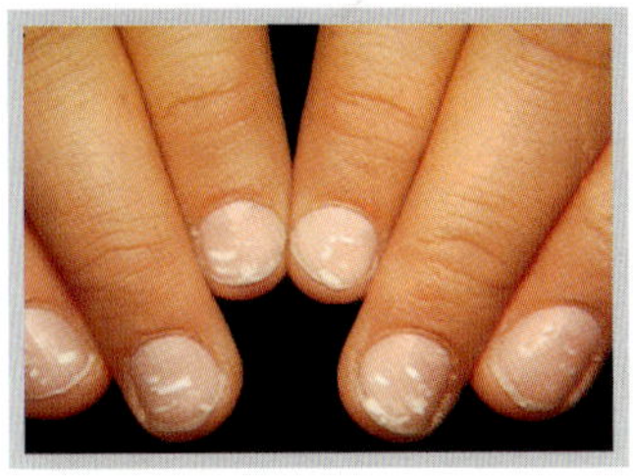

⑮ 피셔스(갈라짐과 균열 Chapped Corners & Fissures)

균열된 네일은 손톱 양쪽 끝의 피부에 생기는 외상으로 통증을 수반하는 경우가 많다. 이 질환은 핫 오일 매니큐어로 치유될 수 있다.

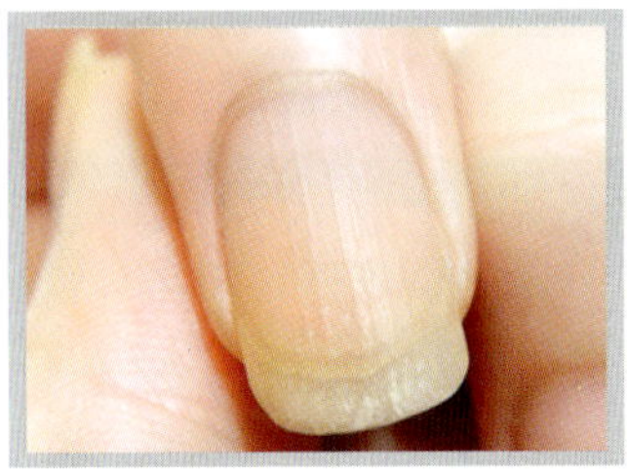

(2) 네일아티스트가 시술할 수 없는 이상 상태 손톱

네일의 질병을 가진 고객에게는 절대 서비스를 해서는 안되며 완치 후에 서비스를 시행해야 한다. 고객이 서비스를 원한다면 의사에게 갈 것을 권하고 모두 치유된 후에 서비스를 받도록 제안 한다. 또한 질병 중에는 소독되지 않은 네일 도구로 인해 감염되는 경우가 있으므로 모든 기구를 철저히 멸균 소독하도록 한다. 특히 몰드나 펑거스가 있는 고객을 서비스한 후에는 파일을 포함한 모든 기구를 소독하며 파일을 소독할 수 없는 경우에는 사용 후에 버리도록 한다.

네일과 관련된 질병의 총칭은 '오니코시스' 인데 이하에서는 오니코시스 질환에 대하여 그 증상과 그리스어에 어원을 둔 의학 용어가 함께 제시되어 있다.

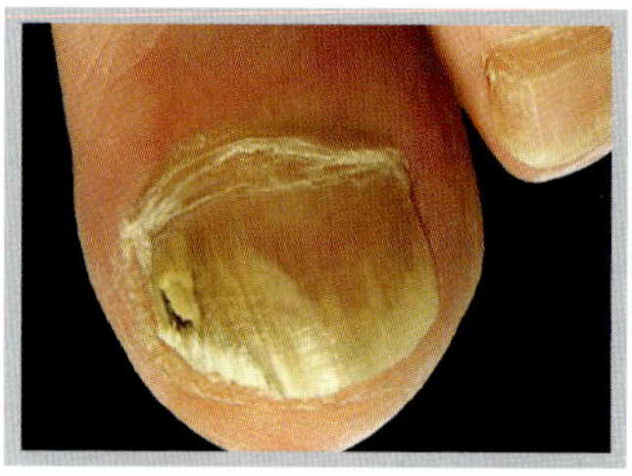

① 오니코마이코시스(조진균증 Onychomycosis)

진균류가 손톱의 하이포니키움 또는 프리엣지 부분으로 침투하여 네일 루트까지 확장하여 손톱의 성장을 억제한다. 프리엣지에 황갈색으로 나타나며 네일 플레이트 아래에서 네일 플레이트와 베드를 공격해 네일 바디가 불균형으로 얇아지고 어떤 부분은 떨어져 나가기도 한다.

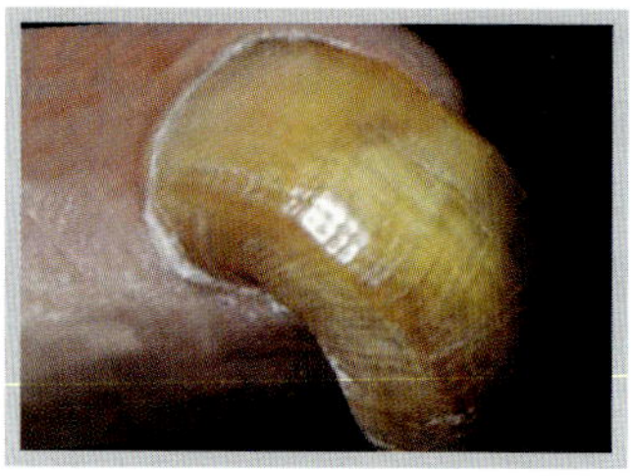

②오니코그라이포시스(조갑구만증 Onychogryposis)

손톱이 매우 두꺼워지며 구부러지고 발가락이나 손가락 쪽으로 심하게 휘는 현상으로 이 증상의 원인은 아직 알려지지 않았다.

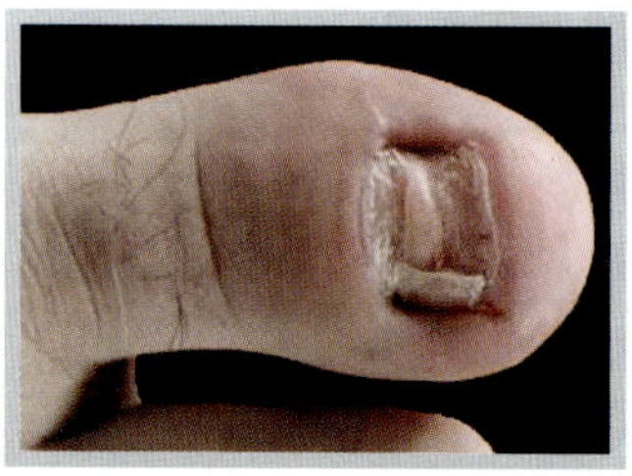

③ 오니콥토시스(조갑탈락증 Onychoptosis)

매독이나 고열, 약물반응 또는 외상에 의해 유발되는 증상으로 손톱의 일부분 혹은 전체가 주기적으로 떨어져 나가는 현상이다.

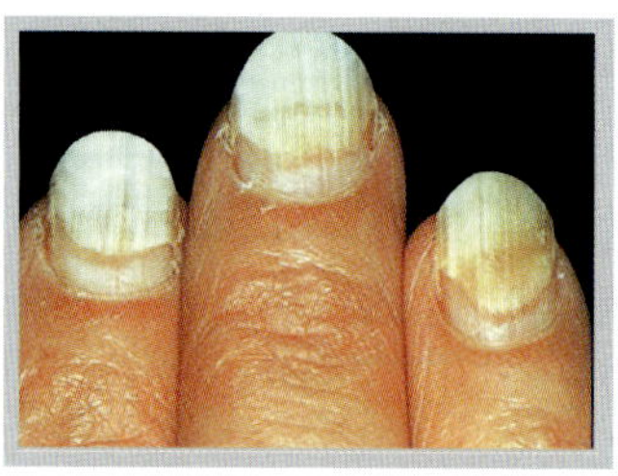

④ 오니코리시스(조갑박리증 Onycholysis)

후리엣지 아래의 네일 베드에서 시작하여 네일이 빠지지는 않으나 반달 모양의 루눌라 쪽으로 번지는 증상이다. 질병이나 펑거스에 의해 유발되는 것으로 뾰족한 기구에 하이포니키엄을 찔리거나 시트러스산이 염증을 유발해 네일이 과다하게 스트레스를 받는 상태에서 발병하기도 한다.

⑤ 파로니키아(조위염 Paronychia)

네일 주변과 베이스의 외피 또는 내피까지의 염증으로 박테리아에 의한 질환이다. 빨갛게 부어오르며 살이 물러진다. 소독이 덜된 도구를 사용했거나 큐티클 제거시 피부를 잘라 상처가 났을 때 생길 수 있다. 만성 파로니키아는 오랫동안 계속해서 나타나며 손톱 자체를 손상시킨다.

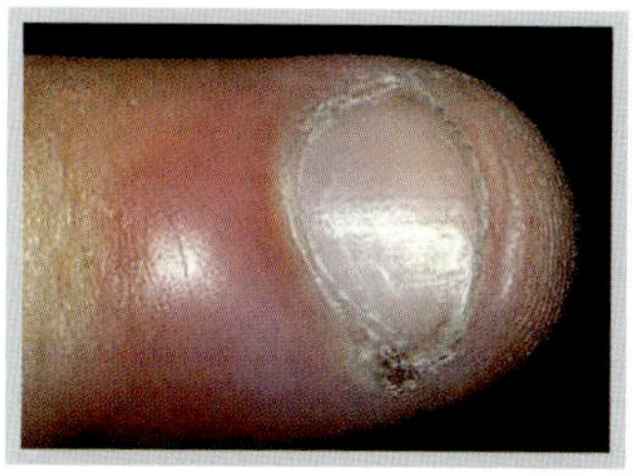

⑥ 파이오제닉 그래뉴노마(화농성 육아종 Pygenic granuloma)

네일 주변이 박테리아에 감염되어 매우 심한 염증상태이며 손톱주위에 붉은 빛을 띠는 조직이 자라 나온다. 소독되지 않는 네일 도구들을 사용할 경우 생긴다.

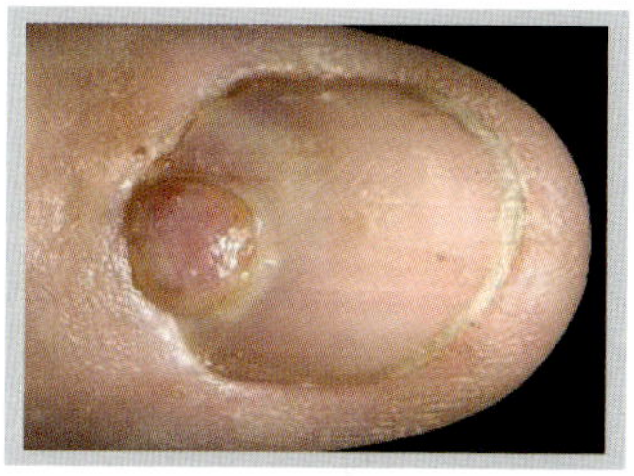

⑦ 펑거스(백선 Fungus)

펑거스는 '백선' 이라고 모든 티니아와 몰드를 포함한 개념이다. 펑거스에 감염된 네일은 즉시 이물질을 제거해야만 하고 손톱뿐 아니라 손과 발도 감염이 의심되는 경우 네일 관리 서비스를 중단해야 한다. 네일이 빠지지는 않지만 네일 베드로부터 플레이트가 고정되지 않는 리프팅 현상을 유발하기도 하며 네일 표면의 변색을 유발한다. 만약 심할 경우 의사에게 갈 것을 권유한다.

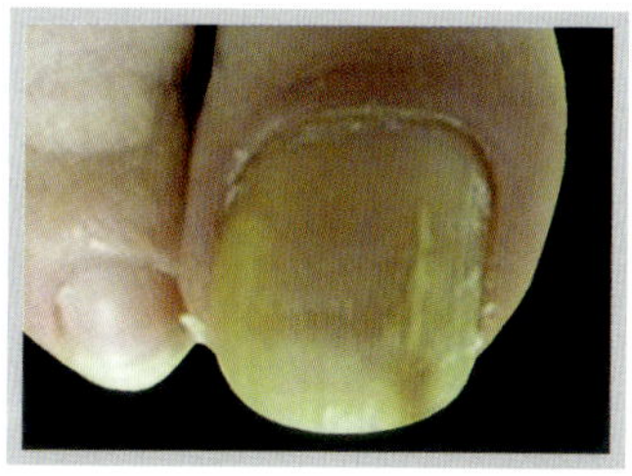

⑧ 네일 몰드(진균염 Nail Mold)

손톱의 프리엣지와 인조 손톱사이에 습기가 스며들어 생기는 진균염증 상태의 곰팡이로 23%~25% 정도의 습도가 있을 때 번식하게 된다. 처음에는 황록색으로 시작하여 검은색으로 변하며 냄새가 난다. 발견즉시 인조손톱을 제거하고 약을 바른다. 상황이 호전되지 않으면 의사에게 갈 것을 권유한다.

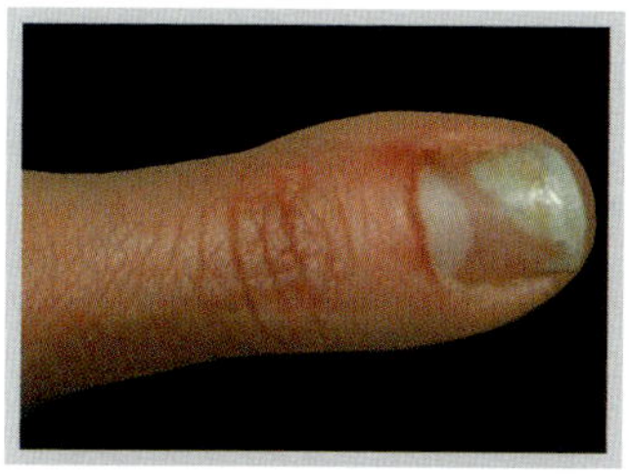

⑩ 오니코마데시스(조갑 낙설증 Onychomadesis)

손톱의 기질에 항생제, 항암제 등의 약물 및 외상, 방사선 치료, 전신질환에 의한 급성 독성으로 손톱의 판상부분 생성이 일시적으로 중단되어 발생하는 질병이다.

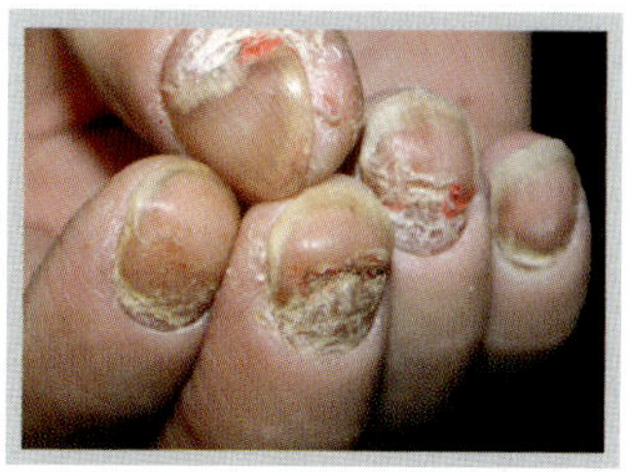

5. 네일 Shop 안전관리

전문 네일리스트는 감염원으로부터 자신과 고객을 안전하게 지킬 의무가 있다. 살롱 내에 세균이 존재하게 되면 사용한 타월, 더러운 손, 손톱, 기구 등을 통해서 여러 사람에게 전염하게 되며 대기먼지, 파리, 인체의 호흡 등도 감염의 경로가 된다.

세균의 번식에 필요한 조건은 더러움, 온도, 습도, 영양분이다. 그러므로 작업환경을 청결히 하고 위생 절차를 철저히 익히며 전염 가능성이 있는 조건에서는 작업하지 않도록 한다. 또한 상처 난 곳 부근은 작업하지 말아야 하며 고객에게 상처를 내지 않도록 주의해야 한다.

네일 숍은 각종 세균을 통한 감염요소뿐만 아니라 기기, 화학 물질 등을 통한 각종 안전사고가 발생할 수 있다. 따라서 사전 작업 환경을 안전하게 하고 철저한 위생관리가 이루어지도록 하며 전기 기기 등으로 인해 일어날 수 있는 위험 발생 가능 인자를 차단하여 안전한 네일숍이 되도록 해야 한다.

1) 제품 안전관리

네일숍에서 주로 사용되는 다음의 화학물질들은 과다 노출 시 부작용과 위험에 노출될 수 있으므로 사전에 주의가 필요하다.

(1) 네일 테크니션이 사용하는 일반적인 화학물질

- 솔벤트가 들어있는 네일 에나멜과 리무버
- 패브릭 랩 접착제
- 아크릴릭 네일에서 사용하는 프라이머
- 접착제 드라이어(Adhesive dryer)
- 라이트 큐어드 젤(light cured gel)과 노 라이트 젤(No light gel)의 젤

(2) 화학물질에 과다 노출 시 나타나는 증상

- 가벼운 두통 증상이 발생한다.
- 호흡 장애가 생긴다.
- 잠을 제대로 못 잔다.

• 콧물이 난다.
• 목이 마르고 아프다.
• 눈이 충혈 되고 눈물이 난다.
• 피부 충혈이 생기고 발가락 등이 따끔거린다.
• 몸이 나른해지고 하루 종일 피곤하다.
• 우울증과 판단력이 흐려지는 등의 장애가 발생한다.

(3) 화학물질에 대한 대처방법

• 화학제품이 쏟아지면 즉시 닦아내고 화학제품을 사용한 후에는 반드시 손을 닦는다.
• 화학물질이 공중에 뿌려지지 않도록 주의하며, 피부 등에 상처가 있을 때는 비닐장갑을 착용하여 화학물질이 피부에 접촉하지 않도록 한다.
• 실내를 자주 환기시켜 내부공기를 정화시키고 환풍기 등을 이용하여 냄새가 잘 빠질 수 있게 한다.
• 화학 약품을 사용할 때는 피부나 눈에 들어가지 않도록 조심하고 눈에 들어갔을 경우 즉시 물로 씻어내고 전문의의 치료를 받도록 한다.
• 네일 케어 시 발생하는 가루나 화학물질 등을 흡입하거나 점막을 자극하지 않도록 마스크와 보호안경을 착용한다.
• 살롱에서는 콘택트렌즈의 사용을 가능한 피하고 보호안경을 착용한다.
• 네일숍 내에서는 화기성 제품을 많이 사용하므로 흡연을 금하고 발화 물질을 차단한다.
• 공기나 빛에 노출 시 변질 위험이 있는 제품은 밀봉을 하거나 빛을 차단할 수 있는 용기에 보관하여 서늘한 냉암소에 보관하도록 한다.
• 모든 용기와 제품은 내용물의 현황을 적어 보관하여 잘못 사용하는 일이 없도록 하고 모든 재료의 뚜껑은 잘 덮어서 보관한다.
• 에나멜이나 네일 제품의 사용으로 인해 고객의 얼굴, 목, 손 등에 피부 과민반응이 일어날 수 있으므로 사전에 알레르기(Allergy) 검사를 하고, 사용 도중 부작용이 발생했을 때는 즉시 사용을 중지한다.
• 강한 아세톤이 들어간 에나멜 리무버나 네일 글루 등은 네일의 표면을 건조하게 할 뿐만 아니라 자연 네일을 약하게 하거나 부서지게 하므로 과다하게 사용하지 않도록 주의한다.

- 만약의 사고에 대비하여 전화기 옆에는 항상 병원 및 응급실 전화번호를 부착해 놓고, 응급 상황 발생 시에는 즉시 대처할 수 있도록 한다. 또한 가스사고, 전기사고, 안전사고 등에 대비해 관련 기관에 즉시 협조할 수 있도록 한다.

2) 작업자 안전관리

- 네일숍에서 일하는 모든 고용인은 안전관리 수칙을 매일 숙지하여 실천하도록 한다.
- 사용기구나 제품들에 대한 사전 준비 작업과 안전점검을 철저히 하도록 한다.
- 모든 기구와 도구는 소독을 철저히 하여 제 기능을 발휘하도록 잘 정돈하여 둔다.
- 매니큐어와 페디큐어 작업 시에는 밝은 불빛을 작업대에 설치하여 눈의 피로를 덜어 주도록 한다.
- 1시간당 10분 휴식을 취하여 작업의 능률을 높일 수 있도록 하며 매 5분마다 작업 장소를 벗어나 먼 곳을 응시함으로써 눈의 피로를 덜게 한다.
- 파일링(Filing)이나 계속되는 마사지 등으로 손목, 팔, 목, 어깨뼈 등이 뻐근해지는 근육통 등이 발생할 수 있으므로 자주 휴식을 취한 후 작업하도록 한다.
- 고객과 마찰이 생겼을 경우에는 고객의 말을 충분히 경청하고, 고객의 입장에서 문제점을 이해하고 해결할 수 있도록 하며 개선상황이 있으면 수용하는 자세를 기른다.
- 작업 공간에서는 절대 담배를 피우지 않으며 항상 청결한 복장과 매무시에 신경 쓰도록 한다.

3) 소독

네일숍에서 주로 사용되는 소독 방법은 건열, 습열, 자외선 소독, 화학제품 사용 등이 있으며, 소독기로는 건 · 습식용 및 전기식 방법에 의한 기구 등이 있다.

■ 방부제

소독 / 화학약품	농 도	형태	사 용 효 과
요오드(Iodine)	2%	액상	자상, 찰과상, 상처 소독
메티오레이트(Merthiolate)	1%	액상	자상, 찰과상, 상처 소독
보릭(Boric)	5% 용액	가루	눈, 눈 주위 부분적 세척
과산화수소 (Hydrogen peroxide)	3.5%	액상	자상, 경미한 찰과상
클로라젠	1% 용액	정제, 가루	상처 부위 씻기와 손 씻기
포르말린(Formalin)	20% 용액	액상	세척 장소, 샴푸볼
알코올(Isopropyl)	60~70% 용액	액상	손 씻기, 긁힌 피부 부위
윗치 헤이즐	14% 알코올	액상	눈썹 손질 전에 손과 두피 세척
머큐로크롬(Merbromin)	2%	액상	자상, 찰과상, 상처 소독

■ 소독제(살균작용)

소독 / 화학약품	농 도	형태	사 용 효 과
포름 알데히드(Formalin)	40%	액상	20분 동안 용액에 기구를 담금
알코올(Isopropyl)	30~70%	액상 또는 정제	손, 피부세척, 기구 소독
제 4급 암모늄염 복합제	1:1000 용액	분말	20분 동안 용액에 기구를 담금
소듐 하이포-클로라이트	0.5%	분말	비누로 손 세척 후 헹굼
크레졸(라이졸)	50% 용액 (비누병용)	액상	거의 모든 세균에 효과적. 강한 냄새가 결점
페놀(키아블릭액시드)	88% 용액	액상	3.8751에 236.59ML페놀 함유 작업대, 바닥, 화장실, 욕조 세척

■ 살롱에서 주로 사용되는 방부제

소독 / 화학약품	농 도	형태	사 용 효 과
보릭액시드(붕산)	1~5% 용액	액상	구강, 안결막의 세척 및 소독
요오드	2% 용액	액상	커트(cut)부위와 상처 세척
하이드로겐 – 페록사이드	3% 용액	액상	부분적 커트 부위와 피부 세척
알코올	60~90% 용액	액상	손 세척, 피부, 부분적 커트 부위 세척 자극에 과민반응시 사용금지

소독 / 화학약품	농 도	형태	사 용 효 과
포르말린	5% 용액	액상	손 세척, 기구 세척
클로라민 - T(클로라겐)	0.5% 용액	흰 정제 (일반용)	피부 및 손 세척
소디윰 하이포 - 크로라이트	0.5% 용액	액상, 흰 정제	손 헹굼

■ 살롱에서 주로 사용되는 소독제(disinfectants)

소독 / 화학약품	농 도	형태	침 수 시 간
소듐 클로라이트	10% 용액	액상	10분 이상
제 4급 암모늄 복합제	1:1000 용액	액상, 정제	20분 이상
포드말린	25% 용액	액상	10분 이상
포드말린	10% 용액	액상	20분 이상
알코올	70% 용액	액상	10분 이상

Chapter 03 기초 이론

1. 네일 아트 도구 및 재료

1) 네일 기구

물품을 구입하면 소모되지 않고 장기간 지속적으로 사용가능한 것을 기구라 한다.

■ 작업 테이블

매니큐어 작업테이블은 각도 조정이 가능한 조명용 램프와 미용 재료를 보관할 수 있는 서랍이 부착되어 있으며 글루나 리무버 등의 화학제품에 손상되지 않고 손쉽게 청소되는 것이 좋다. 램프는 각도가 조정가능하고 40W 이상이며 백열전구 보다는 형광등이 시술하기에 편리하다. 또한 고객과 네일 테크니션의 간격이 너무 멀지 않도록 해야 한다. 테이블 위에 소독된 수건을 깔고 그 위에 종이타월을 깔아주며 재료와 제품은 사용하는 손의 방향에 진열해 둔다.

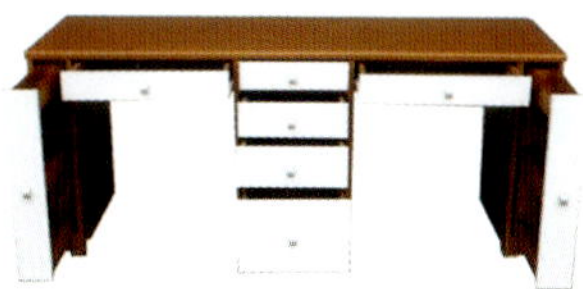

■ 의자

네일 테크니션의 의자는 바퀴가 달려있어 이동이 간편한 것이 좋으며 이물질 제거가 용이한 소재로 된 것이 좋다. 또한 고객용으로는 팔걸이가 있으며 안락한 의자로 준비하도록 한다.

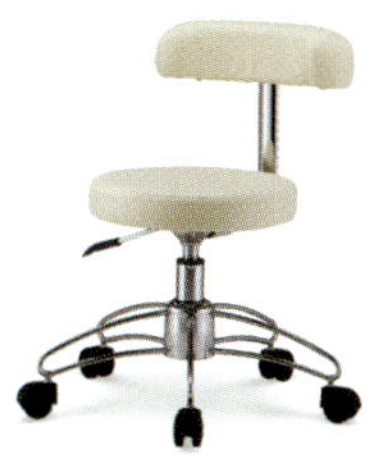

■ 네일 드라이어(Electronic nail dryer)

네일 위에 폴리시(polish)등을 빠르게 건조시키는 기구로 바람을 이용하는 팬(fan)과 자외선을 이용하는 UV 라이트 드라이어(UV light dryer 가 있다.

■ 재료 정리대(Supply tray)

네일 서비스에 사용되는 여러 가지 네일 용품들을 정리할 수 있는 용기로 적당한 크기의 쟁반이나 바구니를 사용한다.

■ 고객용 쿠션(Cushion)과 받침대

고객의 손목 또는 팔의 안락을 위해 필요하며 매니큐어 전용으로 디자인된 규격 제품을 사용하면 편리하다. 타월을 사용할 수도 있는데 이때는 고객마다 위생적으로 소독 처리된 타월을 사용해야만 한다.

■ 습식 소독기(Wet sanitizer)

네일 도구의 소독과 살균을 위해 소독제를 담는 용기로 사용하지 않을 때에는 뚜껑을 닫아 놓도록 한다.

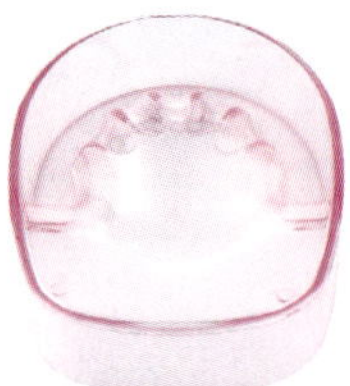

■ 핑거볼(Finger bowl)

습식 매니큐어 서비스 시 고객의 자연네일을 부드럽게 하기 위해 물속에 손을 담글 때 사용하는 용기로 주로 플라스틱으로 만드나 겨울에는 사기 핑거볼을 사용해 온도를 지속시키는 것이 좋다.

2) 네일 소도구

메탈로 된 소도구는 한번 사용한 후에는 반드시 소독처리한 후에 다른 고객에게 사용하며 크기가 작아 액체 소독기에 넣어 소독이 가능하다. 그러나 파일이나 오렌지 우드스틱 등 소독하여 사용할 수 없는 용품들은 1회 사용 후 다른 고객에게 재사용하지 않도록 한다.

■ 큐티클 니퍼(Cuticle nipper)

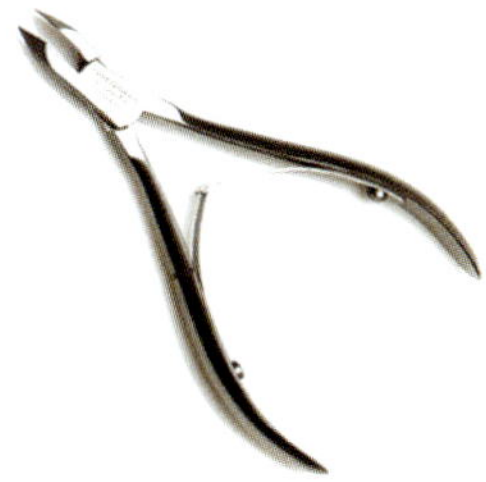

네일 주변의 큐티클(거스러미나 굳은 살)부분을 제거할 때 사용하는 도구로 감염되기 가장 쉬우므로 철저한 위생관리가 필요하다. 날(Jaw)의 크기에 따라 1/4, 1/2로 구분되며 조인트(joint)에 따라 랩 조인트(lap joint) · 박스 조인트(box joint) 등으로 나뉜다. 스테인레스와 니켈, 코발트 등의 금속 도금된 제품이 있다. 시술자 손의 크기에 따라 그립의 길이를 선택하여 사용하기도 한다.

■ 푸셔(Pusher)

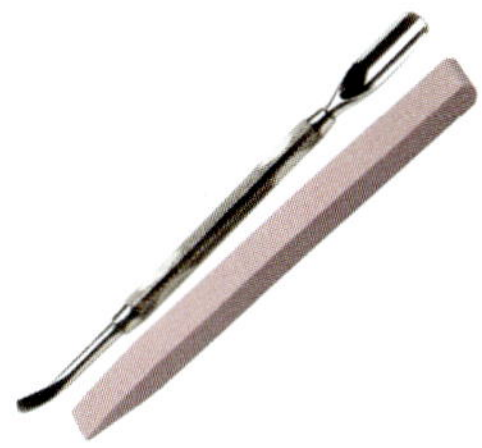

메탈 푸셔는 금속으로 만들어져 있으며 큐티클 부위를 밀어 올릴 때 사용한다. 너무 세게 밀면 네일 표면이 벗겨지거나 매트릭스가 상할 수 있으므로 주의한다. 이외에도 스톤 푸셔 · 플라스틱 푸셔 등이 있으며 스톤 푸셔는 메탈 푸셔 사용 후 네일 표면의 각질과 거스러미 등을 좀 더 깨끗하게 제거하는데 효과적이다.

■ 네일 클리퍼(Nail clipper)

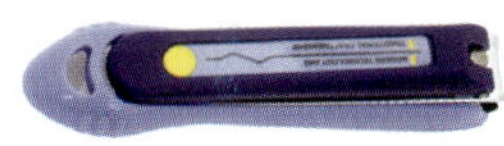

자연 네일과 인조 네일의 길이를 자르는데 사용하는 것으로 일자 모양으로 된 것을 주로 사용한다.

■ 팁 커터(Tip cutter)

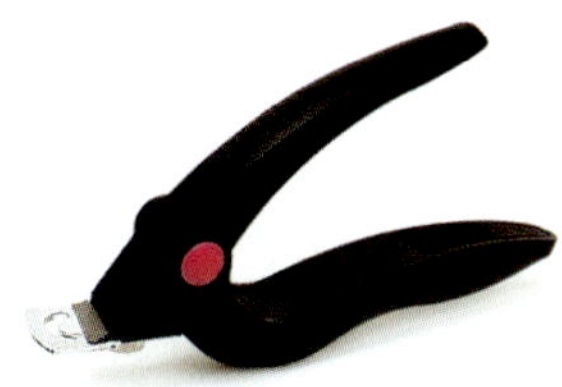

인조 손톱을 손톱에 붙인 후 원하는 길이로 조절할 때 사용하는 도구이다.

■ 랩가위(Wrap scissors)

실크(silk), 린넨(Linen), 파이버 글라스(Fiber glass) 등 천으로 만들어진 랩을 재단하는데 사용한다.

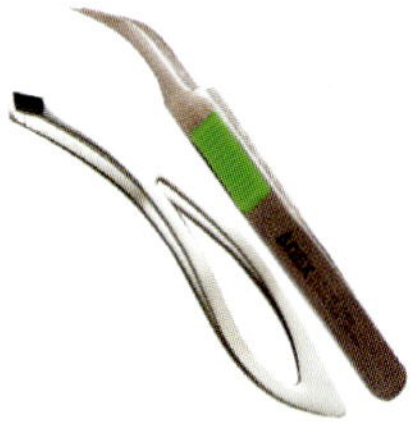

■ 핀셋과 족집게(Tweezers)

자연 네일 또는 인조 네일 위에 아트 작업 시 주로 사용한다.

■ 콘 커터(Corn cutter)

발의 굳은살을 제거하는데 사용하는 도구이다.

■ 더스트 브러시(Dust brush) & 네일 브러시(Nail brush)

네일 위의 먼지를 털어내고 습식 매니큐어 시술시 물에 담갔던 네일을 깨끗하게 세척할 때 사용한다.

■ 페디파일(Pedi file)

발바닥의 굳은살을 제거하고 피부를 매끄럽게 만들어 주기 위한 파일이다.

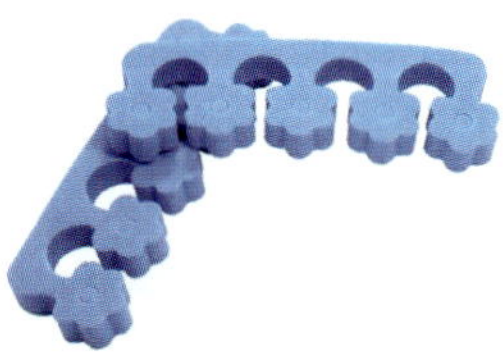

■ 토우 세퍼레이터(Toe seperator)

페디큐어시 발가락 사이를 분리하여 고정시켜 준다.

■ 파일(File, emery board)

손톱의 끝부분을 갈아내거나 손톱의 형태를 만들 때 그리고 인조네일 시술 후 표면을 매끄럽게 만들어줄 때 사용하는 용품이다.

① 주로 파일의 외형으로 구분하기도 하지만 파일의 거칠기(그릿, Grit)숫자에 따라 분류함이 일반적이다. 파일 그릿수가 클수록 거칠기 정도가 부드러우며 국내에서는 메쉬(mesh)라는 말로 사용하기도 한다.

② 보통은 1회용의 소모성 제품으로서 소독이나 살균 등이 불가능했지만 최근에는 물 등에 소독이 가능한 제품과 파일 표면만을 교환하여 사용할 수 있는 제품들도 나와 있다.

③ 그릿 수에 의한 분류

a. 내추럴(원네일) 파일 또는 우드파일(에머리보드)

ㄱ. 그릿 수는 주로 220/240 정도를 사용하여 원네일의 손톱 손상을 최소화 한다

ㄴ. 원 네일의 길이와 모양을 만들어 줄 때 사용한다.

ㄷ. 시술의 마무리 단계에서 오일과 함께 사용하여 손톱 표면이나 루즈 스킨을 다듬을 때 사용하기도 한다.

b. 인조손톱용 파일

그릿수는 120/180정도를 사용하여 인조손톱을 시술 한 후 그 모양이나 표면을 다듬을 때 사용한다. 젤 네일 시술시는 보통 150/180정도의 그릿수를, 아크릴 네일시는 120/150정도의 그릿수를 사용한다.

■ 삼색파일(3-Way file)

거칠기가 다른 3면으로 구성되어 있으며 네일 표면의 광택을 내는데 사용한다. 블록 버퍼로 된 것도 있고 에머리보드 모양으로 된 것도 있다.

■ 샌딩 블록(Sanding block)

쿠션이 있는 사각기둥 모양의 에머리보드(Emery board). 보통 두 가지 종류로 나눠지며 거친 것은 검은색, 부드러운 것은 흰색이다. 파일 사용 후 고르게 다듬을 때 사용한다.

■ 버퍼(Chamois buffer)

손톱 표면의 거칠기를 제거하고 광을 낼 때 사용한다. 주로 남자 매니큐어(Men' s manicure)시 이용하는데 버퍼의 바닥은 부드러운 가죽으로 되어있다.

■ 디스크 패드(Round pad)

파일링을 하고 난 뒤 먼지나 네일 밑에 생기는 거스러미를 제거 할 때 사용한다.

■ 오렌지 우드 스틱(Orange wood stick)

항균성이 뛰어난 오렌지나무로 만들며 스틱 한쪽에 솜을 감아 면봉처럼 만든 뒤 리무버를 묻혀 손톱 가장자리의 불순물과 오일 등을 제거한다. 네일 구석의 에나멜 제거에도 용이하며 푸셔의 기능으로 사용하기도 한다. 스톤, 데칼, 참 등을 이용한 아트 시 한쪽 끝의 뾰족한 부분을 이용하여 손톱 위에 올리는데 사용하기도 한다. 반드시 1회 사용 후 폐기하여야 한다.

■ 타월(Towel)

매니큐어 테이블에 항상 청결한 수건을 깔아 놓아야 하며 마사지 전 · 후에 고객에게 소독된 타월을 사용한다.

3) 네일 용품

(1) 재료

매니큐어를 시술할 때 소요되는 소모품을 말하며 이는 한 번 사용한 후에는 반드시 버려야 한다.

■ 종이 타월(Paper Towel)

테이블 위에 위생 처리된 수건을 놓고 그 위에 종이 타월을 깔아주며 시술시 젖었거나 지저분할 때마다 갈아 준다.

■ 솜(Gotten)

오래된 팔리쉬 제거나 오렌지 우드 스틱 끝에 솜을 말아서 사용한다. 합성 솜은 흡수성 부족 때문에 손톱 주변을 얼룩지게 하므로 천연 솜을 사용한다.

■ 스파튤라(Spatula)

크림과 같은 반고체의 물질들을 용기에서 덜어낼 때 사용하며 균의 번식을 방지하기 위해 손가락을 사용하지 말고 스파튤라를 사용해야 한다.

■ 비닐 주머니

매니큐어 작업 중에 버려지는 소모품, 폐기물, 오물 등을 잠시 담아 두기 위해 테이블 옆에 매달아 사용한다.

(2) 매니큐어에 사용되는 네일 제품

전문 네일리스트는 반드시 자신이 사용하는 제품의 용도와 사용방법을 숙지하여 고객에게 사용 제품의 효과, 사용용도, 성분 등을 설명할 수 있어야 하며 무엇이 고객에게 알맞은 제품인지를 판단하고 적용할 수 있어야 한다.

■ 안티셉틱(Antiseptic)

시술하기 전에 시술자와 고객의 손을 소독하는 피부 소독제로 기구 소독제로는 효과가 미약하여 부적합하다.

■ 큐티클 오일(Cuticle Oil)

큐티클을 정리하기 전에 큐티클 주변에 바르는 것으로 큐티클과 네일에 유분과 수분을 공급해주며 큐티클을 유연하게 해주어 큐티클 제거 작업을 용이하게 한다.

■ 큐티클 리무버(Cuticle remover)

큐티클 오일보다 농도가 짙어 큐티클을 빨리 부드럽게 하므로 큐티클이 아주 딱딱한 사람에게 사용하면 좋다. 성분은 트리에탄올 아민, 글리세린 등이 함유되어 있다

■ 네일 보강제(Nail strengthener/Hardener)

자연 네일에 사용하는 손톱 보강제로 자연 네일이 약한 고객에게 발라줌으로써 찢어지거나 갈라지는 것을 방지하며 베이스코트를 바르기 전에 사용한다.

■ 핸드크림 및 핸드 로션(Hand cream & Hand lotion)

크림은 핸드 마사지를 할 때 사용하는 것으로 피부에 유분을 제공하며 로션은 미용 후의 마지막 손질로 고객의 손을 아름답고 윤기 있게 만들어 준다.

■ 네일 화이트너(Nail whitner) & 네일 표백제(Nail bleach)

손톱의 후리엣지 부분을 희게 보이도록 하는 것으로 주성분은 산화연, 티타늄. 타이옥사이드이다. 네일 표백제는 과산화수소와 레몬산이 주성분이며 자연 손톱이 누렇게 변했을 때 희게 표백시키는 용도로 사용한다. 단 마르는 데 시간이 오래 걸리는 단점이 있다. 화학적인 드라이어를 사용하면 깨어짐(Cracking)과 수축(Shrinkage)의 원인이 되며 최근에는 팔리쉬 타입의 네일화이트너가 주로 사용되고 있다.

■ 베이스 코트(Base coat)

유색 칼라를 바르기 전 손톱에 바르는 것으로 유색 칼라로 인해 자연 네일이 누렇게 착색 또는 변색되는 것을 방지해 주고 유색칼라를 잘 밀착시켜 주는 TSF 수지(resin) 성분이 많아 밀착도를 높여주는 역할을 한다. 베이스 코트는 투명하며 우윳빛을 내는 제품도 있다. 주성분은 에틸 아세테이트(ethyl acetate). 이소프로필 알코올(isopropyl alcohol), 부틸 아세테이트 (butyls acetate), 니트로셀룰로즈(nitro cellulose), 송진 등이다.

■ 네일 팔리쉬(Nail polish)

네일에 바르는 유색의 화장제로 네일 에나멜(nail enamel), 네일 락커(nail lacquer)라고도 일컫는다. 보통 니트로 셀룰로즈 (nitrocellulose)를 휘발성 용해액으로 용해시킨 것들이며 휘발성이 매우 강하다. 휘발성을 낮춘 제품들이 있긴 하지만 마르는데 오랜 시간이 걸리는 단점이 있다.

■ 탑 코트(Top coat)

묽은 것과 진한 것이 있는데 진한 탑코트는 씰러(Sealer: 디자인 후에 주로 사용)라고도 한다. 유색 팔리쉬 다음에 발라 주는 무색 투명액으로 니트로 셀룰로우즈 (Nitro cellulose)성분이 들어 있어서 유색 팔리쉬의 광택을 증가시키고 보호해 준다. 칼라를 빨리 마르게 하는 역할도 한다.

■ 팔리쉬 띠너(팔리쉬 용해제 Nail polish thinner)

팔리쉬가 끈적끈적할 때 묽게 해주기 위해 사용하는 전문 제품으로 한두 방울 떨어뜨려 희석시켜준다.

■ 팔리쉬 리무버(Polish remover)

손톱에 있는 팔리쉬를 제거할 때 사용된다. 보통유기질의 용해제와 아세톤 액으로 되어 있으며, 기름을 섞어서 아세톤의 증발 속도를 늦추는 제품도 있다. 인조 손톱의 팔리쉬를 제거할 때는 넌 아세톤 (Non acetone : acetone이 들어가 있지 않은 제품)을 사용한다. 아세톤이 함유된 리무버의 과다 사용시 손톱 주변을 지나치게 건조하게 만들어 손톱의 손상을 가져올 수 있다.

■ 아크릴릭 리퀴드(Acrylic liquid)

이 액체는 아크릴릭 파우더를 녹여 적당한 농도의 믹스쳐를 만드는 데 사용한다.

■ 아크릴릭 파우더(Acrylic Powder)

아크릴릭 네일에 사용되는 분말로 여러 가지 색상이 시중에 나와 있다. 핑크, 클리어 등은 자연 손톱이나 팁 위에 올려 주는 파우더이고, 화이트는 프렌치 네일을 표현할 때 사용하는 파우더이다.

■ 디펜 디쉬(Dappen dish)

아크릴 리퀴드 등을 담을 수 있는 용기를 말한다.

■ 아크릴 브러시(Acryl brush)

아크릴릭 파우더를 네일 위에 얹을 때 사용하는 붓으로 모양, 길이, 크기에 따라 여러 종류가 있다.

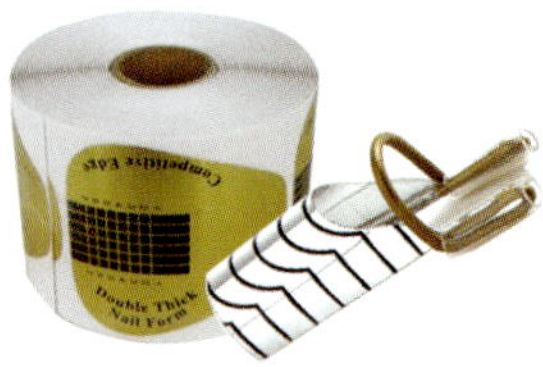

■ 네일 폼(Nail form)

스캅춰 네일(Sculptured nail) 시술시 사용하는 틀이다. 일회용으로 사용하는 종이폼은 스티커 형태이고 재사용하는 폼에는 알루미늄, 플라스틱 등으로 만들어진 것이 있다.

■ 브러시 크리너(Brush cleaner)

아크릴릭과 젤 네일 시술 후 브러시를 세척할 수 있는 용액이다.

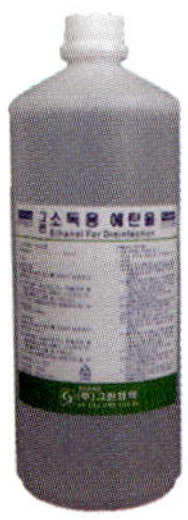

■ 알코올(Alcohol)

70%의 농도로 사용하며 작업 테이블과 시술시 사용되는 기구들을 소독하는 데 사용된다. 희석하면 손 소독(상처가 나지 않은 손일 경우)에도 사용할 수 있다.

■ 지혈제(Styptic Liquid & Powder)

매니큐어 작업 시 발생할 수 있는 가벼운 출혈을 멈추게 하기 위해 사용되며 액체 또는 분말 타입이 있다. 출혈부위에 액체를 떨어뜨리거나 오렌지우드 스틱에 솜을 말아 지혈제를 묻혀 출혈 부위에 살며시 눌러준다.

■ 아세톤(Acetone)

인조손톱을 떼어낼 때 사용하나, 플라스틱류가 녹을 수 있으므로 취급에 주의해야 한다. 다른 용기로 옮길 때에는 유리나 스테인리스 용기를 사용하도록 한다.

2. 손톱의 형태와 파일링

1) 손톱의 형태

손톱의 모양에는 다섯 가지의 기본 모양으로 둥근형(Round shape), 타원형(Oval shape), 송곳형(Pointed shape), 네모형(Square shape), 둥근 네모형(Square round shape)이 있다.

(1) 라운드 쉐입(둥근형 Round shape)

손톱의 길이가 짧은 경우나 남성의 경우 선호하는 경향이 강하다. 약 45° 각도로 파일을 쥐고 다듬어 준다.

(2) 오벌 쉐입(타원형 Oval shape)

둥근형의 손톱보다 더 둥글게 처리한 모양으로 여성들이 선호하는 형태이다. 여성미를 강조해 우아함이나 친근함이 느껴진다. 약 15°에서 30° 정도 네일 안쪽으로 기울여 파일링 한다.

(3) 포인티드 쉐입(포인트형 Pointed shape)

여성다움을 가장 돋보이게 하는 모양으로 손가락이 가늘고 길게 보이게 하지만 내구성이 약해서 부러지기 쉽다. 파일은 거의 수평에 가깝도록 네일 안쪽으로 들어가서 파일링 하도록 하나 네일의 끝부분이 너무 뾰족하지 않도록 알맞게 굴려주도록 한다.

(4) 스퀘어 쉐입(네모형 Square shape)

젊은 층이 선호하는 형태로 스포티한 느낌을 준다. 파일을 90° 즉, 직각이 되도록 세워 좌우로 파일링 한다. 다른 쉐입에 비해 파손의 위험이 적어 활동적이거나 손톱을 자주 쓰는 사무직 또는 컴퓨터 종사자들에게 적당하다. 반면 손가락이 굵거나 짧은 사람의 경우 오히려 단점을 극대화하는 경우가 되므로 피하는 것이 좋다.

(5) 오벌 스퀘어 쉐입(둥근 Oval sqaure shape)

가로 모양은 직선 네모 형태이나 양쪽 모서리를 둥글게 다듬은 형태로 가로방향은 90°로 파일링을 한 후 모서리 부분은 파일을 30° 정도 눕혀서 양쪽 모서리에서 중앙 쪽으로 갈아 준다.

2) 파일링 방법

파일링은 기본적으로 한쪽 방향으로만 손질하며 라운드 형태는 양쪽 바깥에서 중앙을 향하여 파일링 하도록 한다.

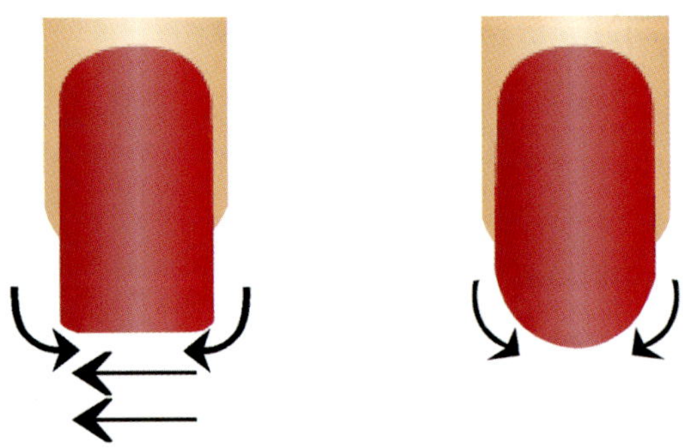

02

Part 02
네일 실기

Art Design of Nail

Nail Art

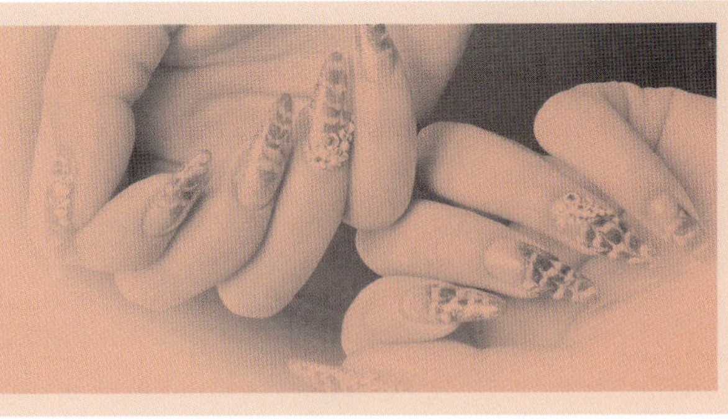

Chapter 01 컬러링

1. 컬러링

컬러링이란 네일 케어가 끝난 후 네일위에 색을 칠해 손을 아름답게 해주는 작업으로 이때 네일 위에 발라주는 유색의 제품을 네일 팔리쉬(Nail Polish), 네일 에나멜(Nail Enamel) 또는 네일 락커(Nail lacquer)라고 부른다.

칼라링은 적당한 양을 얇게 발라 균일한 피막을 형성하는 것이 중요하다. 네일 에나멜 용기는 시술자 왼손의 소지와 약지로 잡고 왼손의 엄지, 검지, 중지는 고객의 손가락을 잡는다. 시술자의 오른손으로는 에나멜 브러시를 연필처럼 잡고 오른손의 소지는 왼손의 중지에 지지하여 오른손의 흔들림이 없이 칼라링을 한다.

팔리쉬는 사용전에 흔들지 말고 양 손바닥 사이에서 좌우로 잘 돌려서 팔리쉬의 기포가 생기지 않도록 하여 사용한다.

1) 준비물

① 팔리쉬 리무버, ② 베이스 코트, ③ 탑코트, ④ 유색 팔리쉬, ⑤ 솜
⑥ 오렌지 우드스틱

2) 시술 과정

Step 1. 베이스 코트 바르기(1-coat)

베이스 코트를 손톱 전체에 최대한 얇게 도포한다.

Step 2. 팔리쉬 바르기 (2-coat)

큐티클 라인에서 0.1mm 정도 떼고 브러시의 각도를 45˚ 정도 세워 네일중앙부분 → 왼쪽 → 오른쪽부분 바른 후 프리엣지 끝부분도 완벽하게 커버해준다. 같은 방법으로 2-coat한다.

Step 3. 탑코트 바르기 (1-coat)

칼라가 어느정도 마른 후 탑코트를 바른다.

Tip!

① 기본적인 칼라링 방법은 위의 방법이지만 네일 왼쪽부터 시작하여 오른쪽으로 차근차근 바르는 방법이 일반적으로 네일 살롱에서 많이 활용하는 방법이다. 이 때의 팔리쉬 브러시의 각도는 50˚ 정도로 세워서 힘을 빼고 바른다.

② 팔리쉬브러시 조절 방법과 바르는 방법 확대 사진 참조

브러시조절법

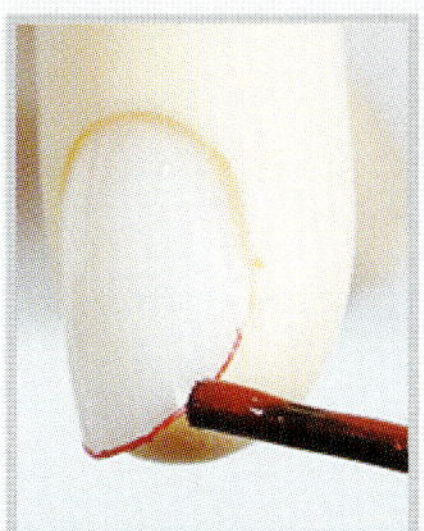

프리엣지 끝바르기

중앙바르기

완성

3) 다양한 형태의 컬러링 방법

① 풀코트(Full coat)

손톱 전체에 팔리쉬를 입히는 가장 기본적인 방법

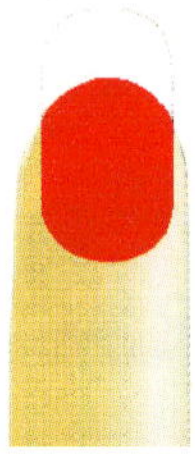

② 프리엣지(Free edge)

물건을 집거나 일상생활 등을 통해 손톱중 프리엣지 부분이 가장 먼저 컬러가 벗겨지므로 이 부분을 제외하고 팔리쉬를 바르는 방법

③ 헤어라인 (Hairline)

프리엣지 방법과 같은 이유로 전체 네일에 팔리쉬를 바른 후 1.5mm 정도 닦아주어 파손을 방지하는 방법

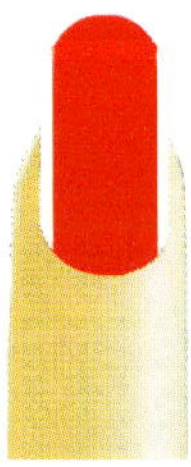

④ 슬림 라인 또는 프리 월(Slim line/Free wall)

손톱이 길고 가늘어 보이도록 하기 위해 손톱의 양 옆면을 1.5mm정도 남겨놓고 팔리쉬를 바르는 방법

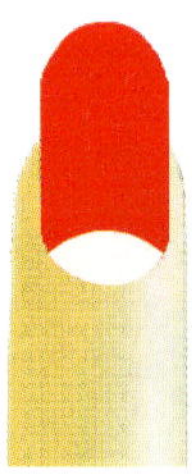

⑤ 반달형(Half moon or lunula)

손톱의 반달형태 즉 루눌라 부분을 남기고 나머지 부분에 팔리쉬를 바르는 방법

2. 프렌치 컬러링(French Coloring)

프렌치 매니큐어(French manicure)는 네일 베드 부분은 자연스러운 피부톤색상으로 바르고 프리엣지 부분에는 흰색 팔리쉬를 사용하여 색을 표현해 주는 방법이다. 내츄럴하고 깨끗한 느낌으로 사계절 많이 이용되며 웨딩드레스를 입는 신부에게도 잘 어울리는 방법이다. 기본적인 프렌치 컬러링은 화이트와 내츄럴 핑크 칼라를 기본으로 하여 디자인하고 경우에 따라 여러가지 색상들을 이용해 다양하게 변형된 프렌치를 할 수 있다.

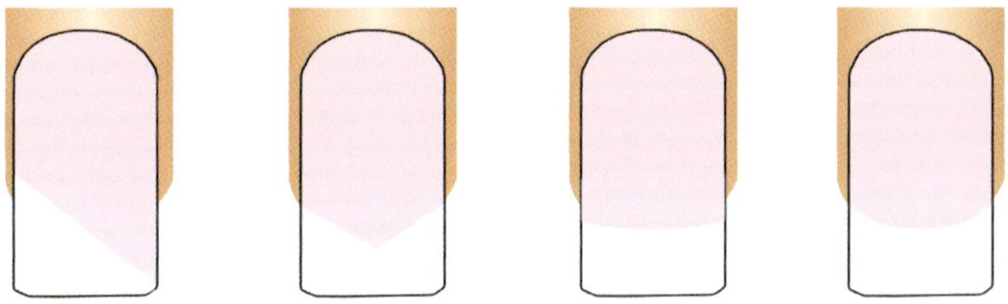

사선형 (Slant type) | V자형 (V type) | 일자형 (Straight type) | 반달형 (Half moon type)

프렌치 매니큐어의 기본형태

1) 준비물

① 베이스 코트, ② 팔리쉬 리무버, ③ 프렌치 전용 흰색 팔리쉬, ④ 탑코트
⑤ 솜, ⑥ 오렌지 우드스틱

2) 시술 과정

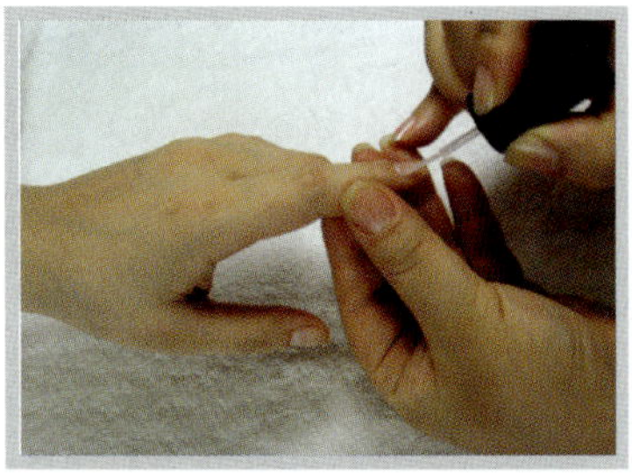

Step 1. 베이스 코트 바르기

베이스 코트를 바른다. 쉽게 벗겨지지 않게 하기 위해 프리엣지 밑 부분까지 바르도록 한다.

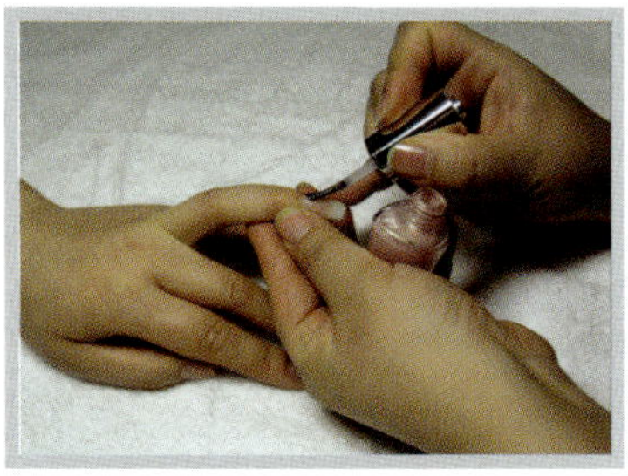

Step 2. 내츄럴 핑크 팔리쉬 바르기

핑크 팔리쉬를 얇게 한번 또는 두 번 정도 바른다.

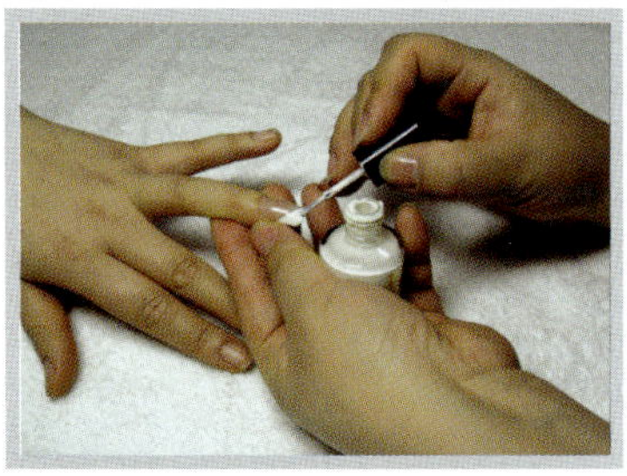

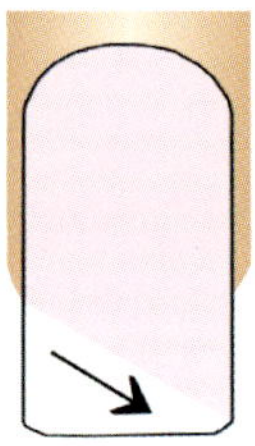

Step 3. 프리 엣지에 화이트 팔리쉬 바르기

내추럴 팔리쉬가 마른 후 화이트 팔리쉬로 네일의 왼쪽 스마일 라인에서 시작하여 오른쪽 아래 부분을 향해 사선으로 컬러링을 해준다.

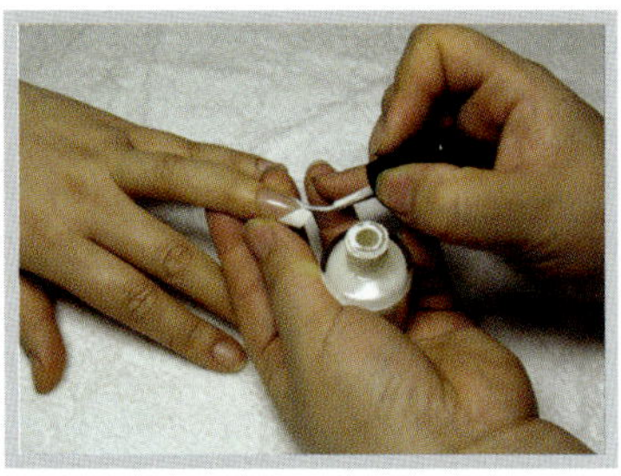

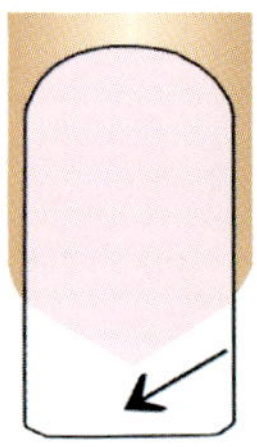

Step 4. 우측에서 사선으로 바르기

위와 반대로 우측 스마일 라인에서 시작하여 왼쪽 아래부분을 향해 사선으로 컬러링을 해준다.

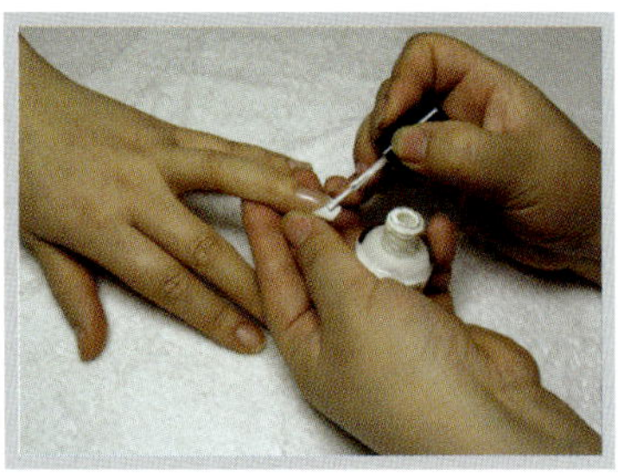

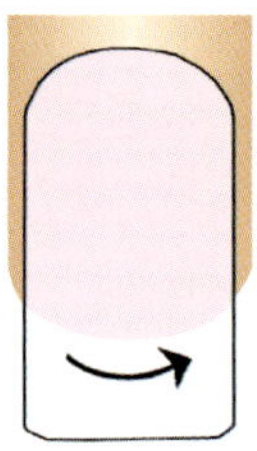

Step 5. 가운데 라인 팔리쉬 칠하기

V자형으로 패인 가운데 부분을 U자형으로 채워 스마일 라인을 예쁘게 잡아준다.

Step 6. 화이트 팔리쉬 덧바르기

두 번째 바를 때에는 라인이 선명하고 얼룩지는 것을 커버하여 깨끗하게 마무리하며 발라준다.

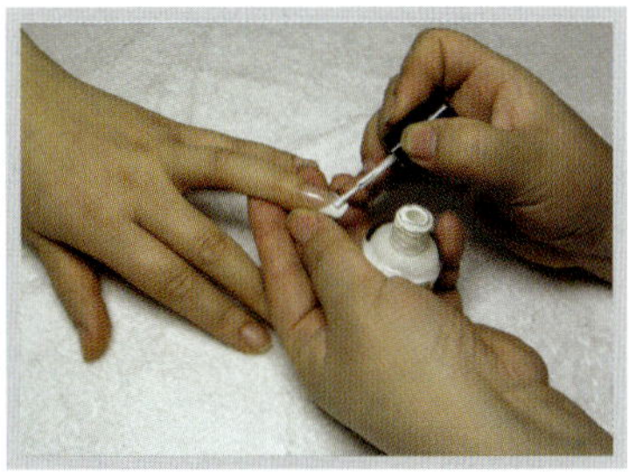

Step 7. 탑코트 바르기

탑코트 브러시에 흰색이 밀리지 않도록 주의하면서 두껍지 않게 꼼꼼하게 바른다. 탑코트를 너무 두껍게 바르면 탑코트가 들떠서 벗겨지기 쉽다.

Tip!

① 프렌치 시술시 에는 팔리쉬 브러시를 팔리쉬 병입구에 잘 펴서 사용하면 깨끗한 프렌치 라인을 만들 수 있다
② 시술 후 팔리쉬 병입구는 리무버 묻힌 페이퍼 타올로 잘 닦는다
③ 자연스러운 프렌치 칼라링을 원하면 베이스코트 → 핑크 팔리쉬1-coat → 화이트 프렌치2-coat → 핑크 팔리쉬1-coat →탑코트 순서로 바른다.

프렌치 칼라링의 다양한 예

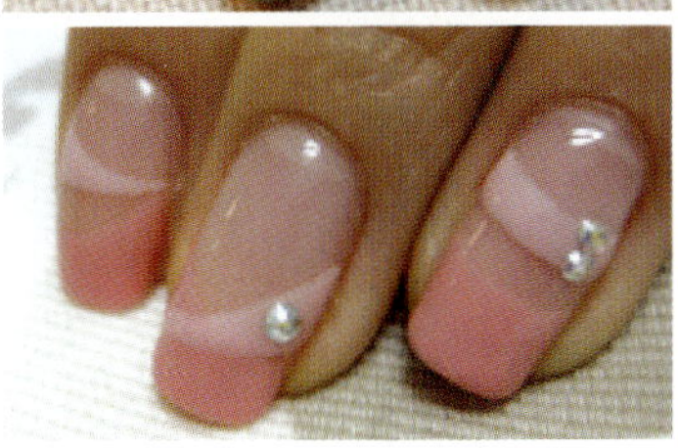

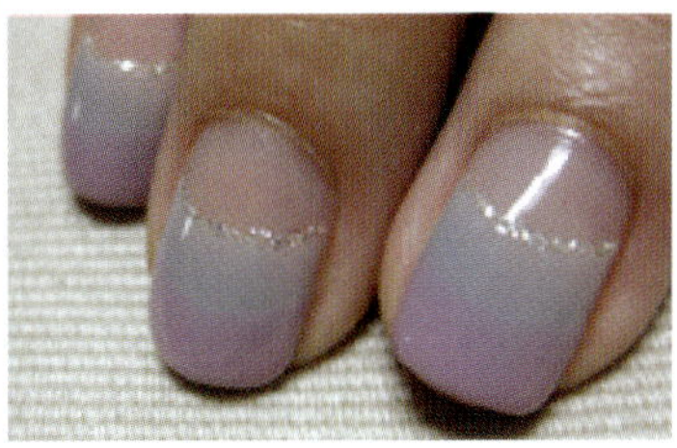

Nail Art

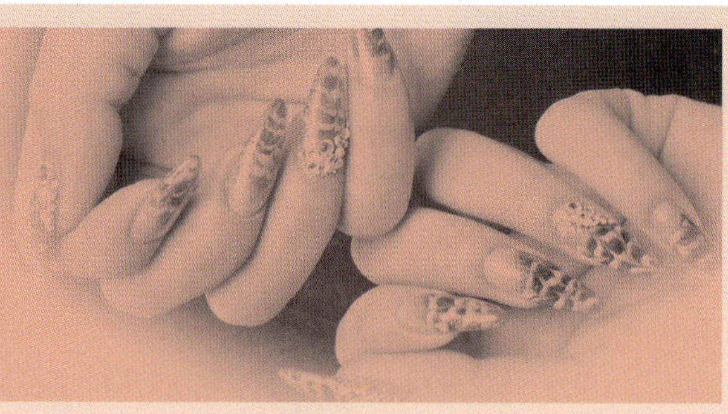

Chapter 02 매니큐어

1. 습식 매니큐어 (레귤러 매니큐어)

가장 일반적인 매니큐어 시술법으로 큐티클 정리, 마사지, 컬러링을 포함한 관리를 지칭한다.

1) 준비물

① 핑거볼, ② 팔리쉬, ③ 안티셉틱, ④ 네일 리무버, ⑤ 핸드로션, ⑥ 베이스코트
⑦ 탑코트, ⑧ 큐티클 오일, ⑨ 타월, ⑩ 습식 소독기, ⑪ 지혈제, ⑫ 오렌지우드스틱
⑬ 샌딩블럭, ⑭~⑮ 에머리보드, ⑯ 3-way, ⑰ 클리퍼, ⑱ 푸셔, ⑲ 큐티클 니퍼
⑳ 솜, ㉑ 디스크패드, ㉒ 네일 브러시

2) 사전 준비

① 시술 테이블을 알콜로 닦는다.
② 사용할 모든 철제 도구를 알콜 넣은 소독기에 미리 넣어 소독해 놓는다.
③ 시술할 곳에 고객용 팔받침을 준비하고 타월을 깔아 놓는다.
④ 항균 비눗물을 넣은 미온수를 핑거볼에 담아 놓는다.

3) 시술 과정

Step 1. 손 소독

솜에 안티셉틱을 묻혀 시술자의 손을 먼저 소독한 뒤 고객의 손을 소독해 준다. 고객의 손에 직접 스프레이 한 뒤 페이퍼 타월로 눌러 닦아주어도 된다.

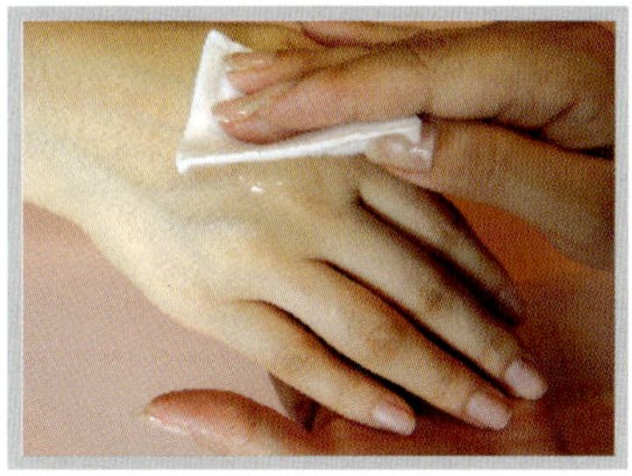

Step 2. 팔리쉬 제거하기

팔리쉬 리무버를 적당량 코튼에 적신 뒤 큐티클 주위의 네일 표면위에 약 5초정도 얹었다가 아래로 문지르듯이 닦아내며 제거한다. 큐티클 또는 후리엣지 밑 부분의 팔리쉬는 오렌지 우드스틱에 약간의 솜을 감아 리무버를 묻힌 뒤 제거한다.

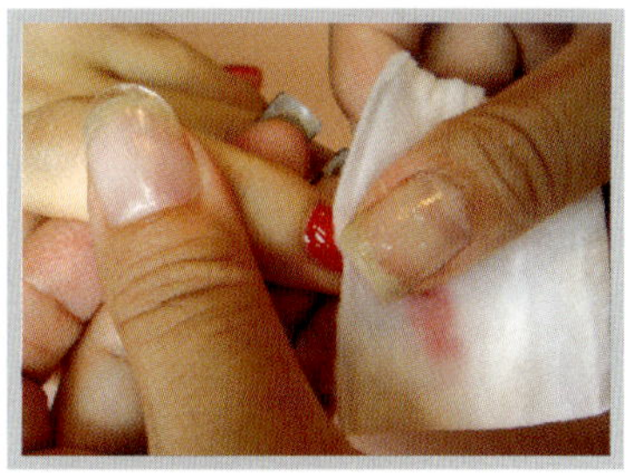

Step 3. 네일 길이 및 모양 정리 (Shape)

부드러운 파일(180grit 정도)을 이용하여 고객이 원하는 네일의 형태를 잡아준다. 파일링을 할 때는 네일의 바깥쪽에서 안쪽을 향하며 한쪽방향으로만 파일링을 해야 자연 네일의 손상이 덜하다. 파일링 할 때 네일의 양쪽 코너의 피부까지 갈지 않도록 주의한다.

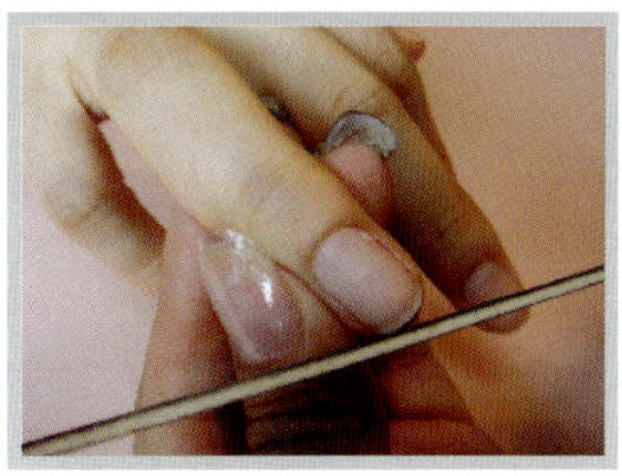

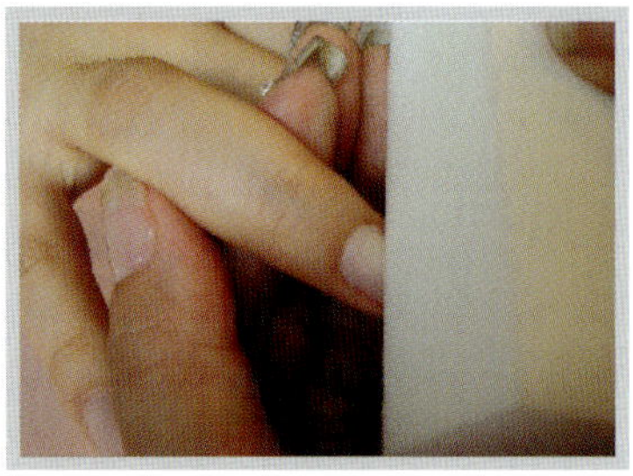

Step 4. 버핑하기

파일링 후 디스크 패드나 파일 끝으로 네일 밑의 거스러미를 제거하고 네일 표면이 거친 경우에는 샌딩 블록을 이용하여 표면을 매끄럽게 다듬어준다.

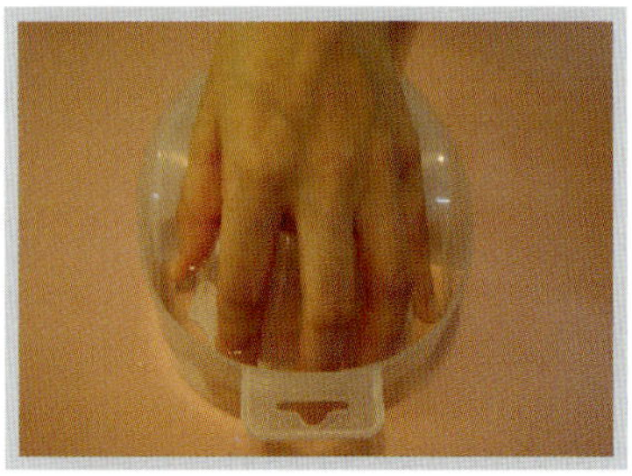

Step 5. 핑거볼에 손 담그기

미온수에 항균 비누 소독액을 한 두 방울 떨어뜨린 후 핑거볼에 왼손부터 담근다. 왼손을 물에 담그고 있는 동안 오른손에 위의 3번과 4번의 과정을 반복한다.

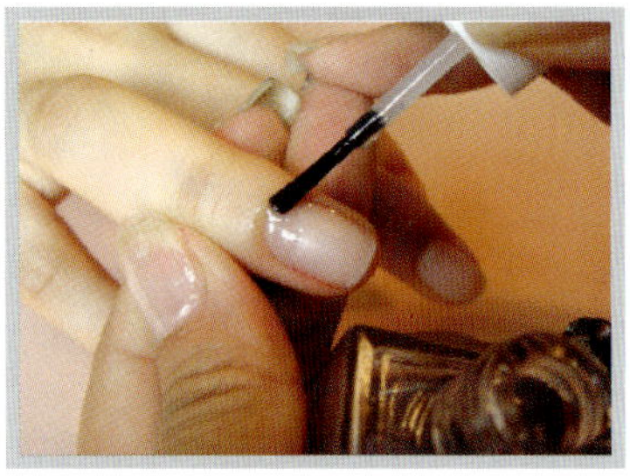

Step 6. 큐티클 오일 바르기

오른손을 핑거볼에 담그고 왼손은 핑거볼에서 꺼내어 물기를 제거한 뒤 큐티클 오일을 발라준다.

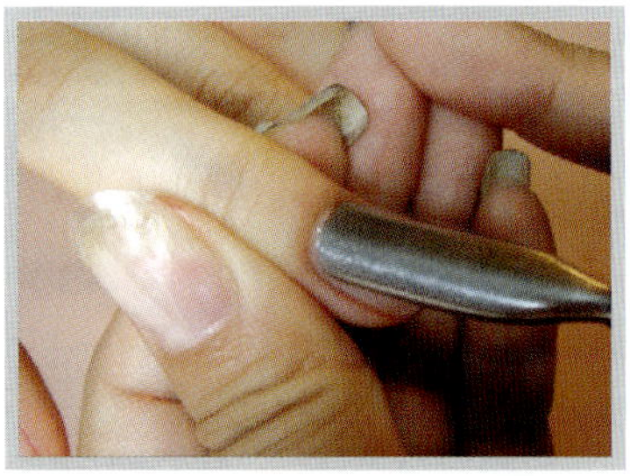

Step 7. 푸셔로 큐티클 밀기

푸셔를 45° 각도 정도로 기울여 자연스럽게 잡고 네일표면이 긁히지 않도록 큐티클을 부드럽게 밀어준다.

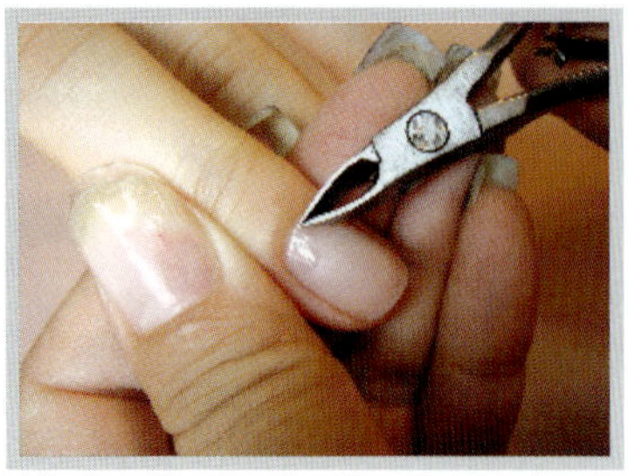

Step 8. 니퍼로 큐티클 정리

니퍼를 사용하여 큐티클을 제거한다. 이때 고객에게 통증을 주거나 피를 내지 않도록 각별히 주의하며 큐티클의 기능 보존과 감염 방지를 위해 약 0.1mm 정도의 큐티클을 남겨두도록 한다. 오른손을 꺼내어 6, 7, 8의 과정을 반복한다.

Step 9. 소독하기

큐티클에 세균의 침투를 막기 위해 안티셉틱으로 소독한다.

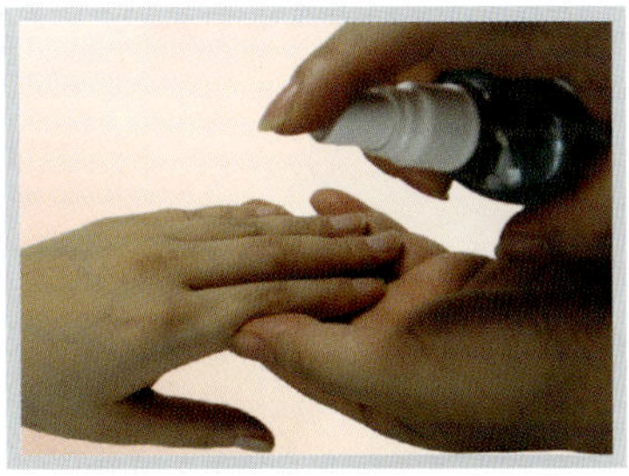

Step 10. 마사지하기

2. 핸드 마사지

마사지는 피로해진 손과 팔의 근육을 이완시킬 뿐만 아니라 혈행을 촉진시키고 피부에 탄력과 수분을 공급해주는 효과를 가지고 있다. 또한 섬세한 동작 하나 하나가 고객의 피부와 밀착감을 높여 더욱 친밀감을 가지게 한다.

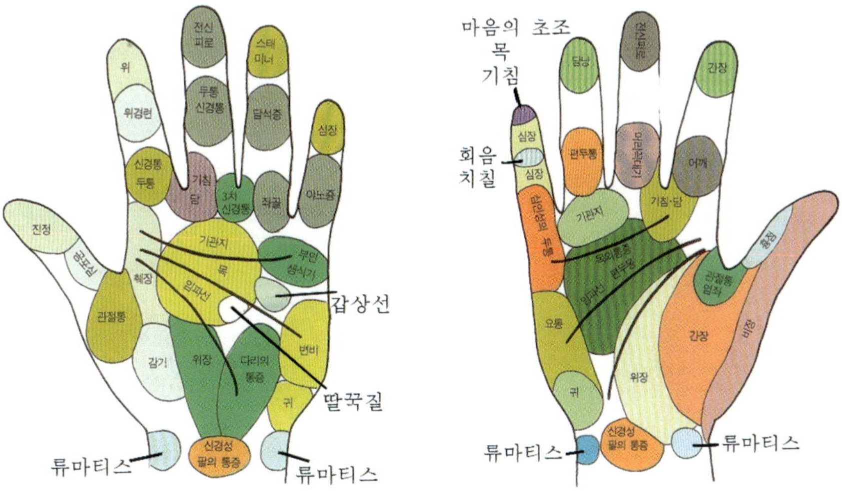

왼손 반사구 오른손 반사구

손 마사지를 위한 반사구

1) 마사지 방법

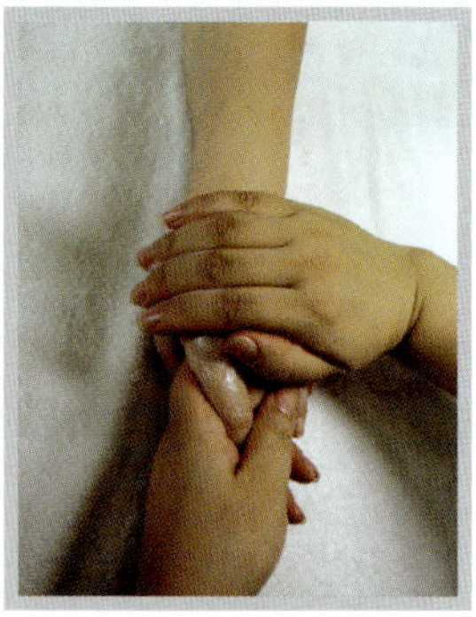

Step 1. 로션 또는 크림 바르기

로션(크림)을 시술자의 손으로 비벼 피부온도에 맞게 높여 준 다음 한손은 고객의 손을 잡고 한 손은 고객의 팔꿈치를 향해 올라가며 양손을 교차하여 도포한다.

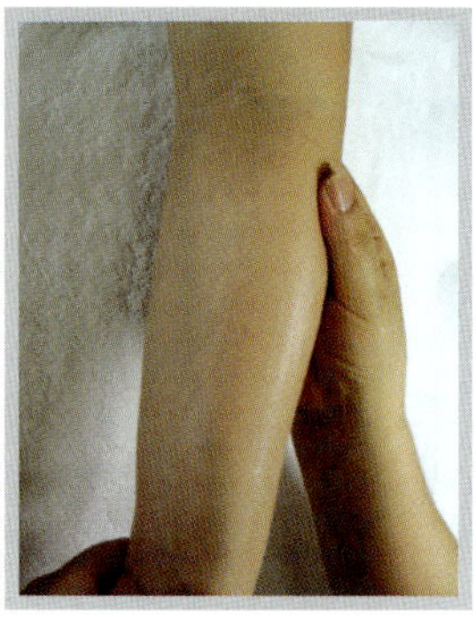

Step 2. 팔꿈치 쓸어주기

팔에 시술자의 손을 밀착시켜 올라가서 팔꿈치를 손가락 끝으로 굴려주다 쓸어주며 내려온다.

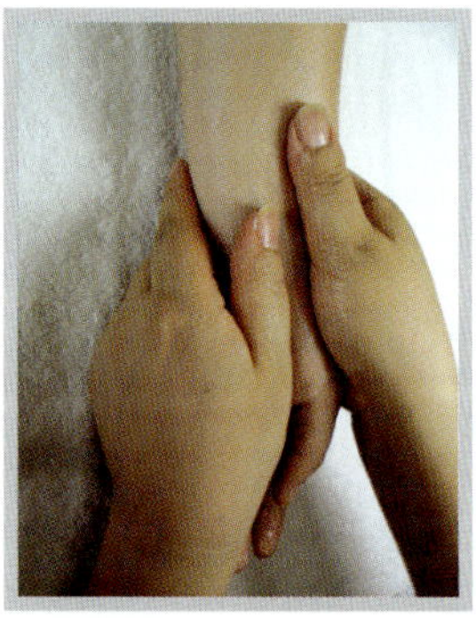

Step 3. 엄지로 서클 그리며 올라가기

양손의 엄지에 약간의 힘을 주고 반원을 그리며 팔꿈치 부분까지 올라간다. 내려올 때도 엄지에 힘을 준 상태로 팔의 중앙부분을 따라 압을 주면서 내려온다.

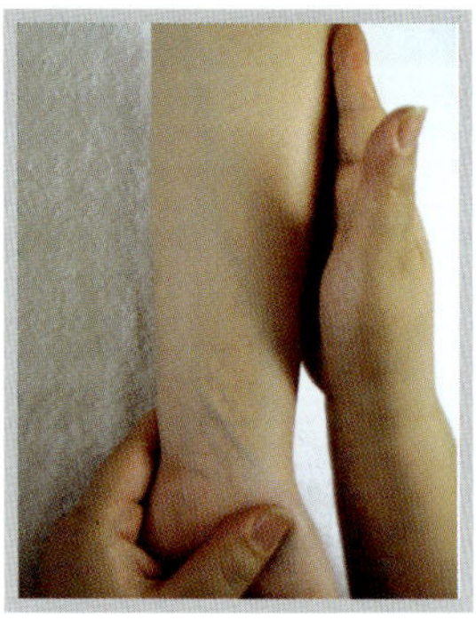

Step 4. 손가락으로 근육 털어주기

손가락을 이용하여 팔의 근육을 털어준다.

Step 5. 손등의 뼈 사이 쓸어주기

손등의 뼈와 뼈 사이를 엄지 옆선을 이용하여 상하방향으로 쓸어준다.

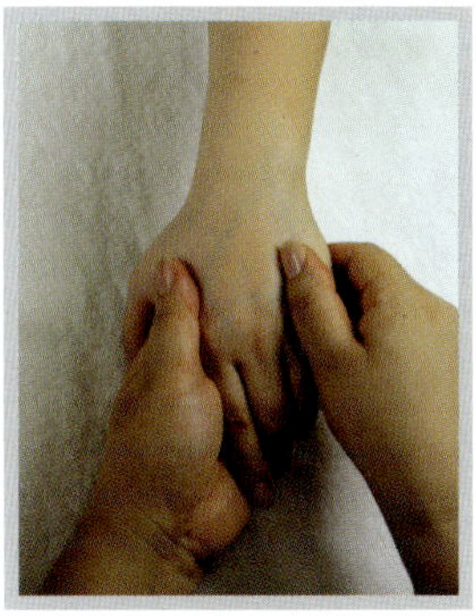

Step 6. 손바닥 마사지

고객의 손바닥이 위로 향하게 하고 양 엄지를 이용하여 골을 따라 내려오며 지압을 해준다.

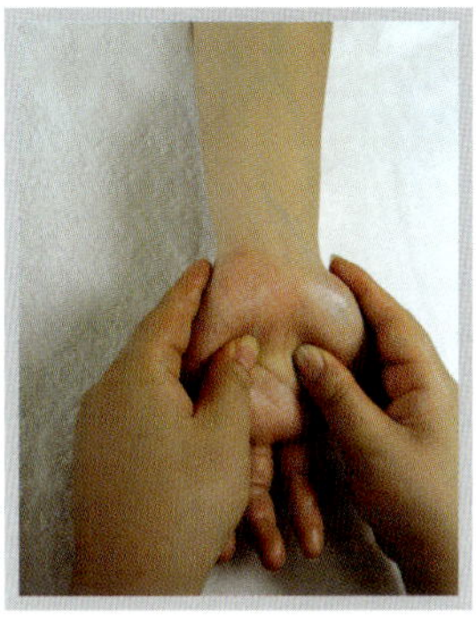

Step 7. 회전하며 손바닥 쳐주기

양 엄지 사이에 고객의 손을 끼우고 좌우로 돌려 손바닥을 쳐 준다.

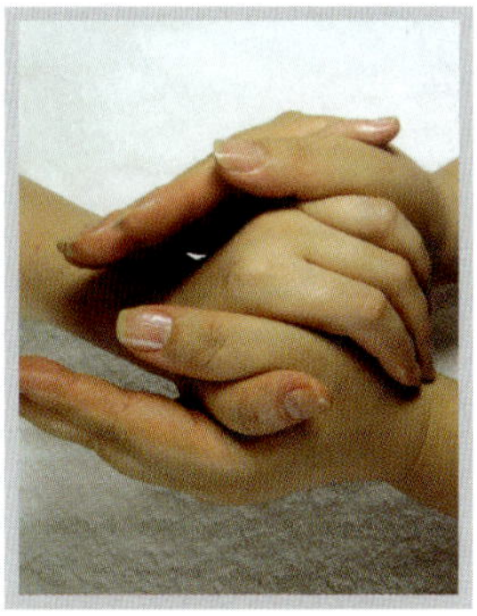

Step 8. 깍지 끼고 손목 돌려주기

한손은 고객의 손목을 잡아 고정하고 한손은 깍지를 낀 채로 원을 그리며 손목을 돌려준다. 반복하여 돌려준 뒤 깍지를 낀 채로 상하로 톡톡 치며 자극을 준다.

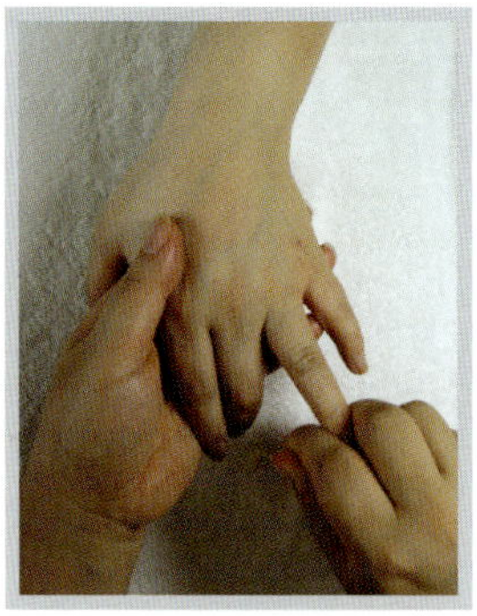

Step 9. 손가락 사이 눌러주고 손끝 튕기기

손가락 마디마디를 눌러 자극한 뒤 손톱 끝부분에서 가볍게 튕겨준다.

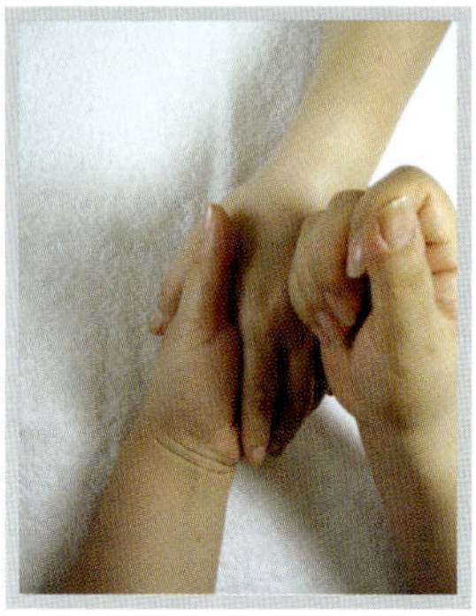

Step 10. 손등 가볍게 두드리기

계란을 쥔 듯이 손을 가볍게 쥐고 고객의 손등부터 손가락까지 톡톡 두드린다.

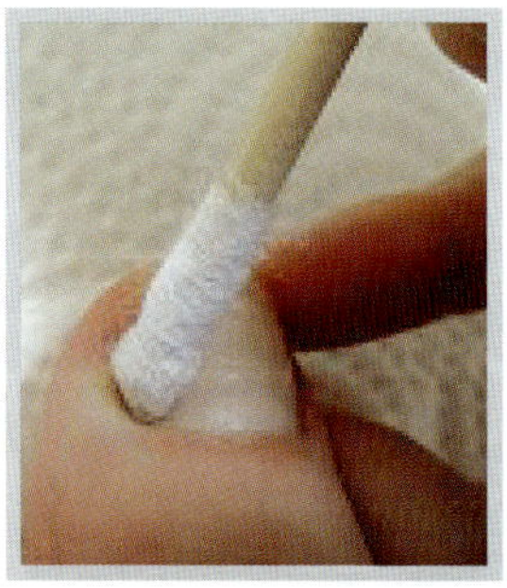

Step 11. 유분기 제거

스팀타올로 팔과 손에 남아있는 유분기를 제거한다. 남아있는 손톱의 유분기는 네일 리무버로 제거하고 프리엣지 밑부분은 오렌지 우드스틱에 솜을 감아 로션 잔여물을 제거한다.

3. 파라핀 매니큐어(Paraffin Manicure)

1) 파라핀의 효능

파라핀은 오래전부터 치료를 목적으로 이용되어 왔을 만큼 다양한 효과와 효능을 가지고 있다. 부은 근육을 진정시키고 관절과 연골조직의 염증을 감소시켜주는 것 뿐만 아니라 습진 치료에도 뛰어난 효과를 보인다. 또한 수족냉증과 근육의 피로회복, 붓는 손과 발, 수분 공급과 굳은살의 이완작용에도 탁월한 효과를 가지고 있다.

2) 파라핀의 성분

파라핀은 콜라겐(collagen), 비타민 E(Vitamin A), 유칼립투스(eucalyptus), 맨톨(menthol)과 같은 각종 성분을 식물성 오일 등과 같이 첨가하여 만든 왁스 타입의 미용액이다.

3) 준비물

① 파라핀 워머, ② 파라핀왁스, ③ 비닐 백, ④ 보온 장갑, ⑤ 탑 코트

4) 시술 과정

파라핀을 사전에 녹여 준비한다.(시술 3~4시간 전)

Step 1. 습식 매니큐어 과정을 실시

습식 매니큐어과정을 마사지 전단계까지 시술한다.

Step 2. 탑 또는 베이스 코트 바르기

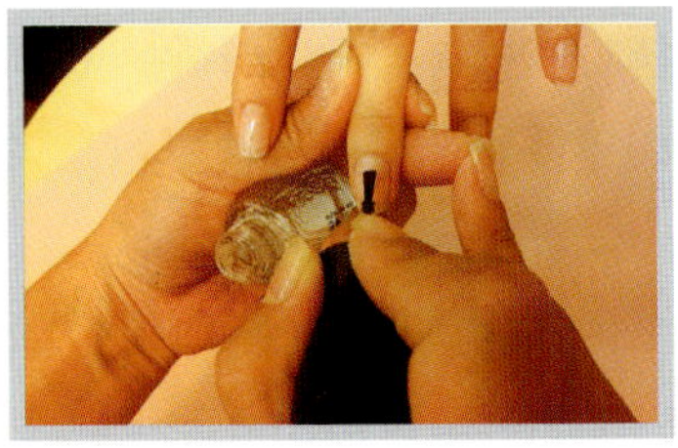

파라핀 팩을 하기 전 탑 코트를 발라준다. 이 과정을 거치지 않으면 팩 제거 후 에나멜을 발랐을 때 쉽게 벗겨지거나 들뜨는 현상이 나타난다.

Step 3. 파라핀에 담그기

손목이 잠길 정도로 파라핀에 손을 담가준다(손이 워머기의 바닥에 닿지 않게 주의). 파라핀에 담근 손을 꺼내어 약 5초정도 굳힌다. 이 과정을 3~4회 반복한다.

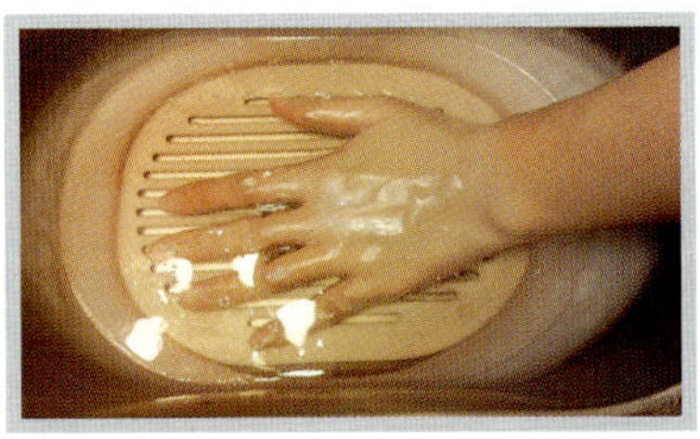

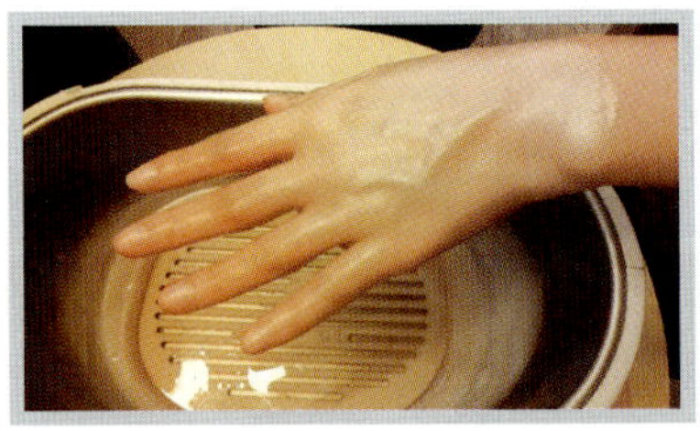

Step 4. 비닐 백과 전기 장갑 씌우기

열이 손실되는 것을 막아주기 위해 비닐 백을 씌워준 뒤 전기 장갑을 씌워 보온 효과를 높여준다.

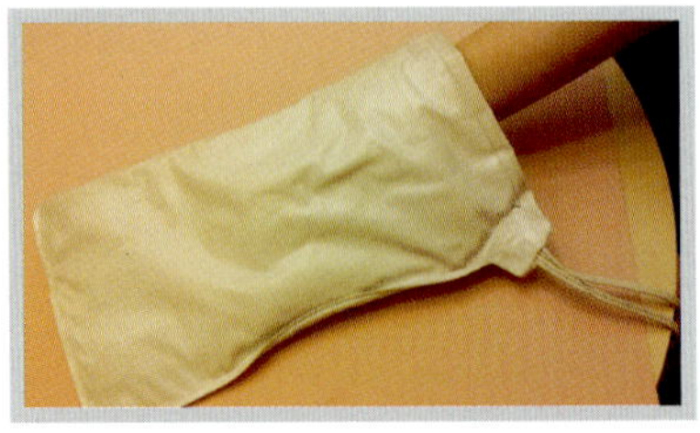

Step 5. 파라핀 제거하기

약 5~10분 정도 후 장갑을 벗기고 파라핀을 제거하고 피부에 남아있는 파라핀 유액을 손으로 두드려 흡수시킨다

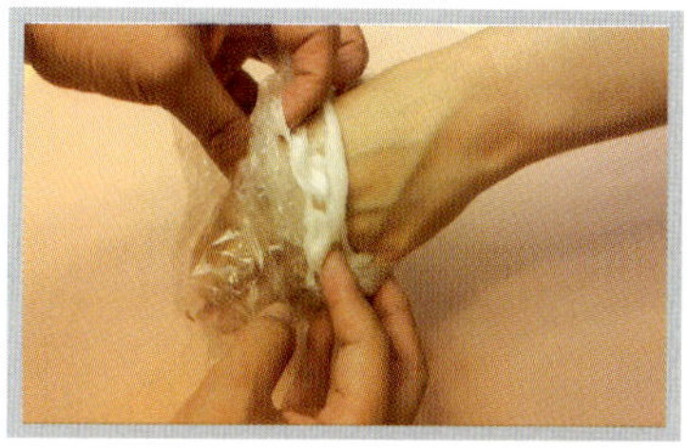

Step 6. 완성

손톱에 바른 탑(또는 베이스)코트를 리무버를 이용하여 제거하고 남아있는 유분기는 오렌지 우드스틱에 솜을 말아 리무버를 묻혀 깨끗하게 제거한다.

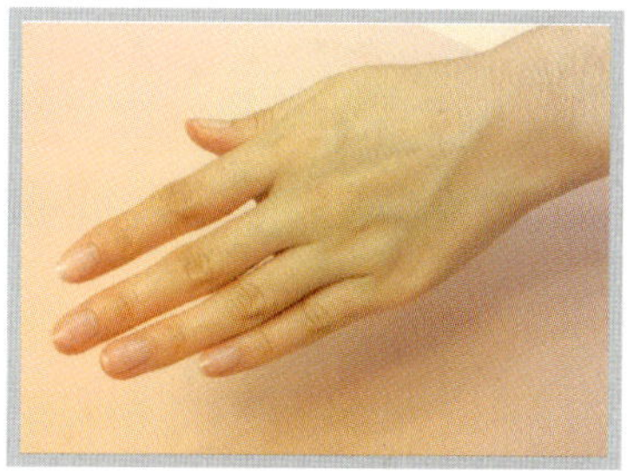

Tip!

① 한번 사용한 파라핀 왁스는 위생상 재활용하지 않고 버린다.

② 정기적으로 하는 것이 피부의 건강함을 유지하는데 효과적이나 건조한 계절이 오기전에 미리 해주는 것도 피부 건강을 유지하는데 효과적이다.

4. 페디큐어(Pedicure)

페디큐어는 발과 발톱을 예쁘게 다듬고 손질하며 발 건강을 위해 마사지 하는 동작을 포함한 모든 과정을 의미하는 것으로서 발의 피로를 풀어 혈액순환을 도와 줄뿐만 아니라 굳은살을 제거하고 상하거나 부서진 발톱 등을 예쁘게 손질함으로써 건강하고 아름다운 발을 유지 할 수 있도록 해준다.

1) 준비물

① 각탕기, ② 에나멜, ③ 소독제, ④ 네일 리무버, ⑤ 풋 스크럽
⑥ 베이스 코트, ⑦ 탑코트, ⑧ 큐티클 오일, ⑨ 타월, ⑩ 지혈제
⑪ 샌딩 파일, ⑫ 오렌지 우드 스틱, ⑬ 네일 브러시, ⑭~⑮ 파일
⑯ 3-way, ⑰ 네일 클리퍼, ⑱ 푸셔, ⑲ 니퍼, ⑳ 화장솜
㉑ 디스크패드, ㉒ 콘커터, ㉓ 페디파일, ㉔ 토우 세퍼레이터

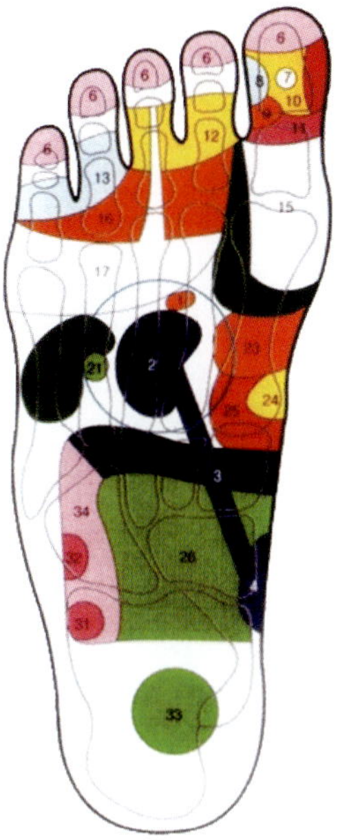

1. 부신
2. 신장
3. 수뇨관
4. 방광
5. 요도/음도
6. 전두동
7. 뇌하수체
8. 삼차신경
9. 소뇌
10. 대뇌
11. 목
12. 눈
13. 귀
14. 갑상선
15. 부갑상선
16. 승모근
17. 폐/기관지
21. 담낭
22. 간장
23. 위장
24. 췌장
25. 십이지장
31. 맹장
32. 회맹판
33. 생식선 (난소, 고환)
34. 상행결장

오른발 반사구

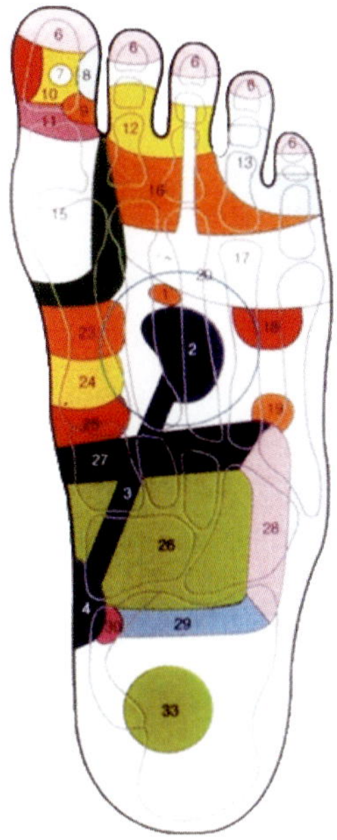

1. 부신
2. 신장
3. 수뇨관
4. 방광
5. 요도/음도
6. 전두동
7. 뇌하수체
8. 삼차신경
9. 소뇌
10. 대뇌
11. 목
12. 눈
13. 귀
14. 갑상선
15. 부갑상선
16. 승모근
17. 폐/기관지
18. 심장
19. 비장
20. 복강신경총
23. 위장
24. 췌장
25. 십이지장
26. 소장
27. 횡행결장
28. 하행결장
29. 직장
30. 항문 33. 생식선(난소, 고환)

왼발 반사구

발 마사지를 위한 반사구

2) 시술 과정

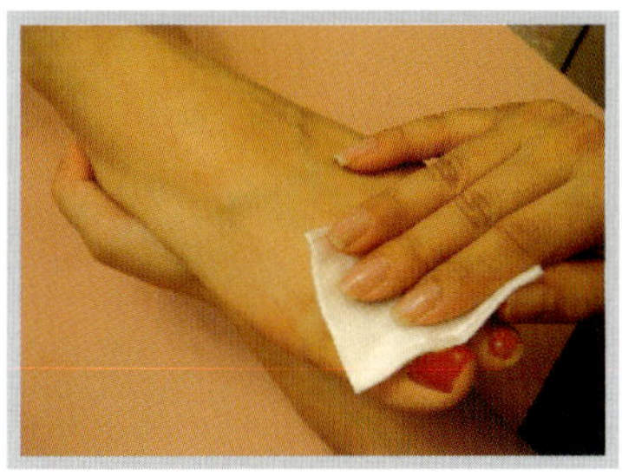

Step 1. 소독

시술자의 손과 고객의 발을 소독한다.

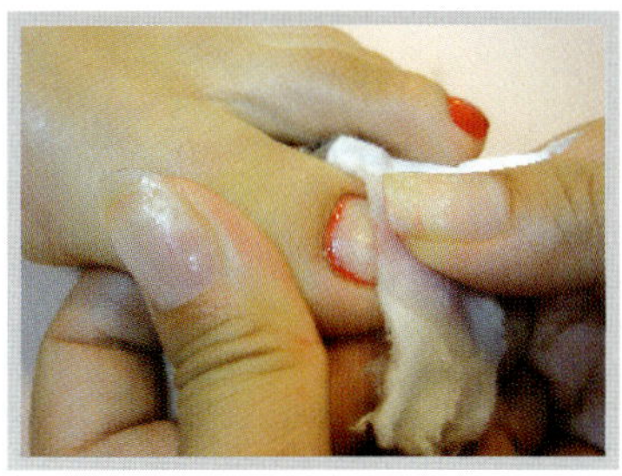

Step 2. 팔리쉬 제거

리무버로 팔리쉬를 제거한다.

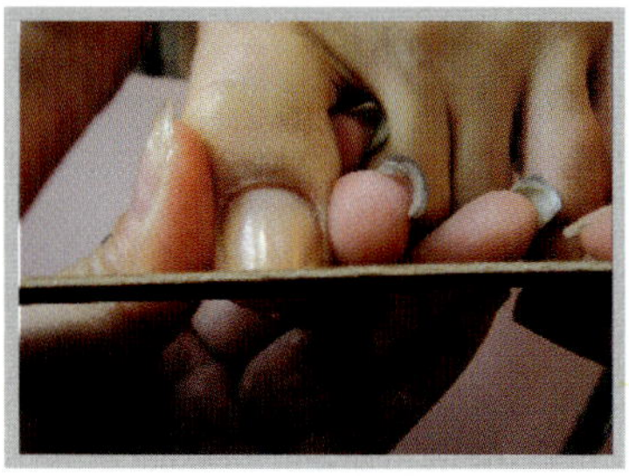

Step 3. 쉐입 잡고 표면정리하기

발톱의 길이를 조절하고 스퀘어쉐입으로 모양 조절한 후 샌딩블록으로 발톱표면을 부드럽게 정리한다.

Step 4. 각탕기에 발 담그기

소독제를 풀어놓은 각탕기에 발을 담가 큐티클과 각질을 불려준다.

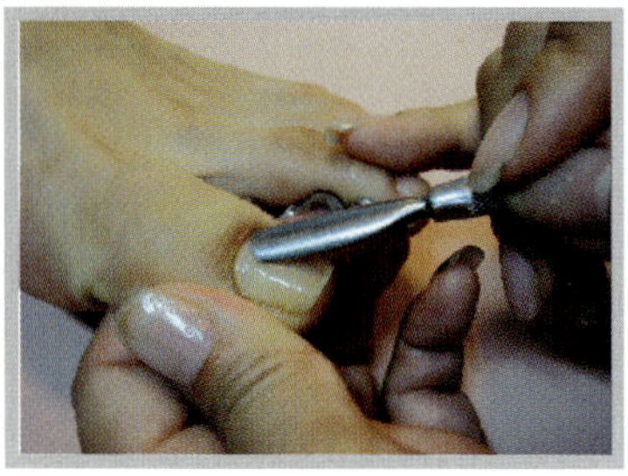

Step 5. 큐티클 정리

발을 꺼내어 물기를 제거한 후 큐티클 오일을 바르고 푸셔로 밀어준다.

Step 6. 큐티클 정리하기

니퍼를 사용하여 큐티클을 제거한다.

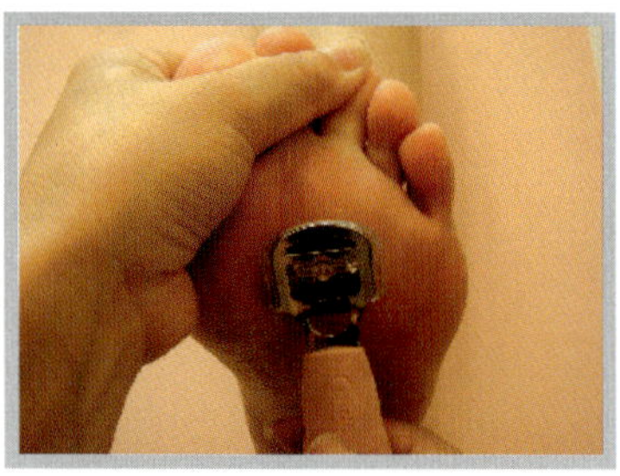

Step 7. 콘커터 사용하여 각질 제거하기

발바닥을 세워 잡고 콘커터를 이용하여 발바닥의 각질을 제거한다. 콘커터는 족문결 방향대로 안쪽에서 바깥쪽으로 사용한다.

Step 8. 페디파일로 잔각질 제거하기

페디파일에 스크럽크림을 묻힌 후 발바닥과 뒷꿈치의 굳은 살을 정리해준다.

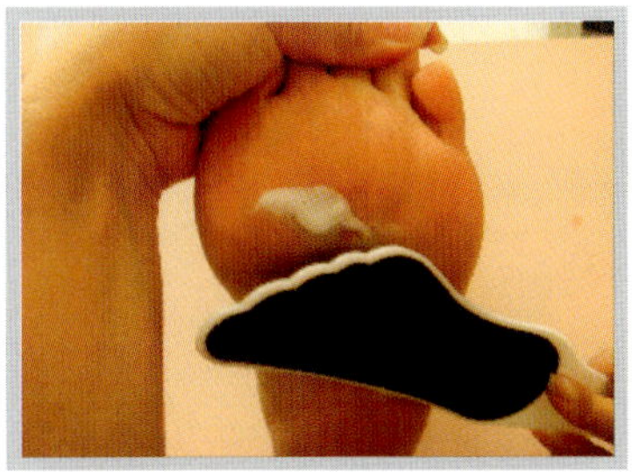

Step 9. 소독

깨끗한 물에 발을 헹군 다음 안티셉틱으로 발을 소독해 준다.

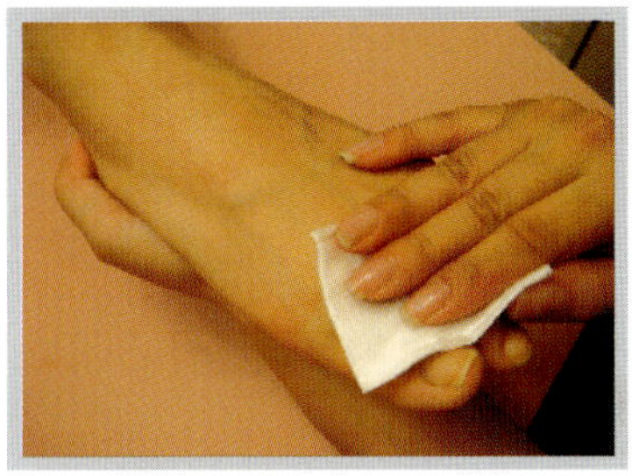

Step 10. 마사지

발과 다리에 마사지를 해주어 발의 피로를 풀고 혈액순환을 증진시켜준다.

① 다리전체에 마사지 크림 바르기

충분한 양의 마사지크림을 다리전체에 바른 후 전체적으로 문질러 준다.

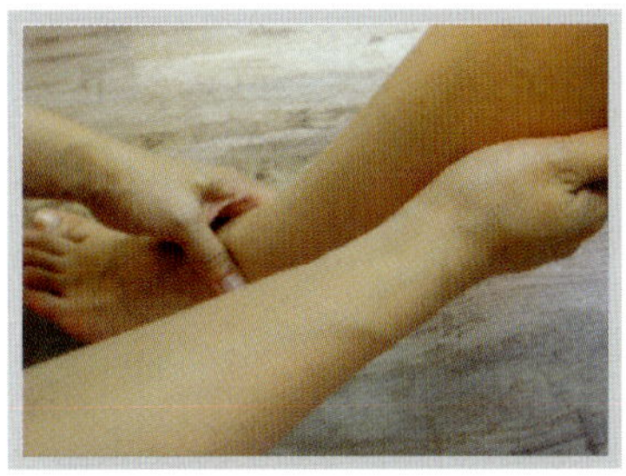

② 발등 마사지

양손의 엄지손가락을 이용하여 발등뼈 사이사이를 문질러서 혈액과 림프관의 순환을 좋게 한다. 이때 시술자는 엄지손가락 사이드를 이용해야 고객의 피부에 상처를 내는 일을 방지할 수 있다.

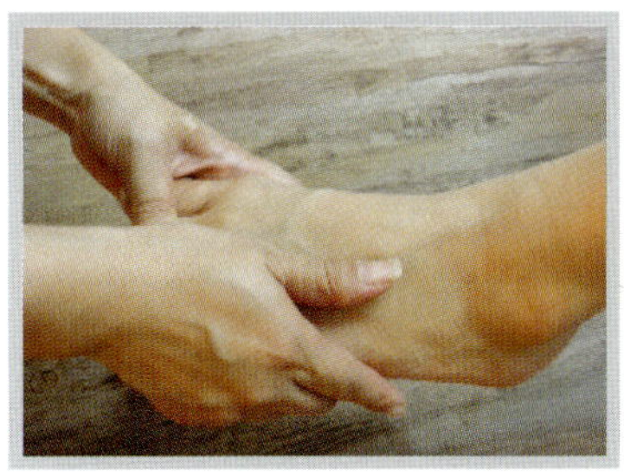

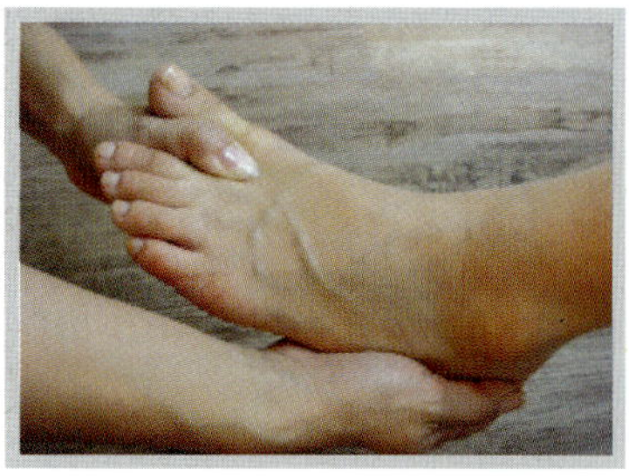

③ 발가락 사이 마사지

한손으로 발뒤꿈치를 받쳐주고 다른 한손으로는 발가락 사이를 눌러준다,

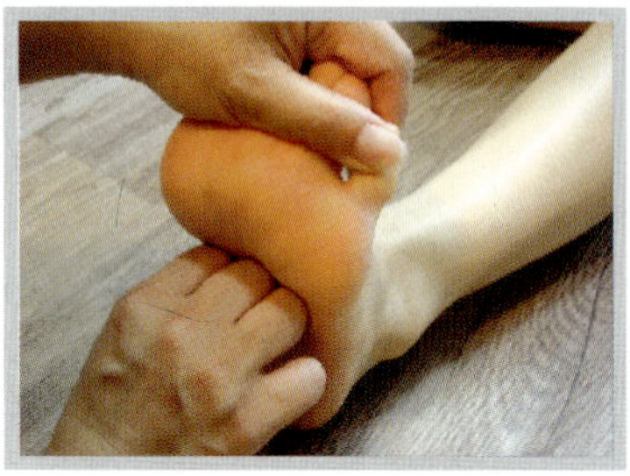

④ 발바닥 마사지

한손으로는 발가락을 젖히고, 다른 한손으로는 주먹을 쥐고 발바닥의 전체 반사구를 세로로 쓸어내렸다 올리기를 반복한다.

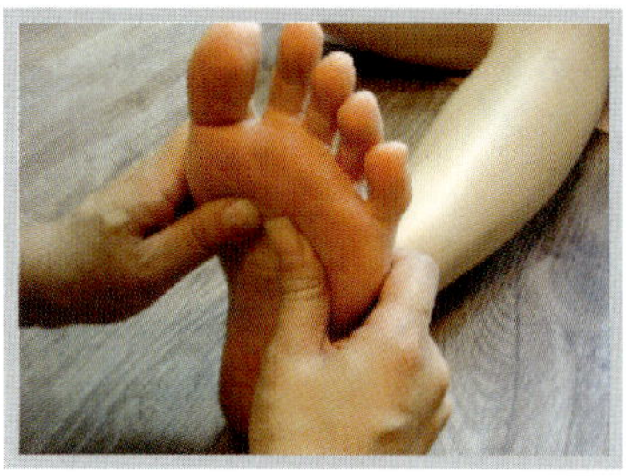

⑤ 발바닥 용천 자극하기

셋째 발가락 사이 교차점 八자모양의 교차점인 용천을 양쪽 엄지손가락으로 지긋이 눌러준다. 용천 부분을 눌러주면 발의 독소나 침전물을 분해시키는 효과가 있다.

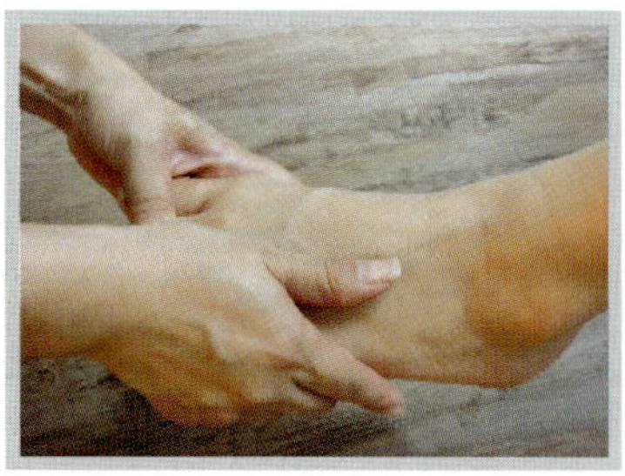

⑥ 발전체 쓸어주기

발을 전체적으로 쓸어주며 풀어준다.

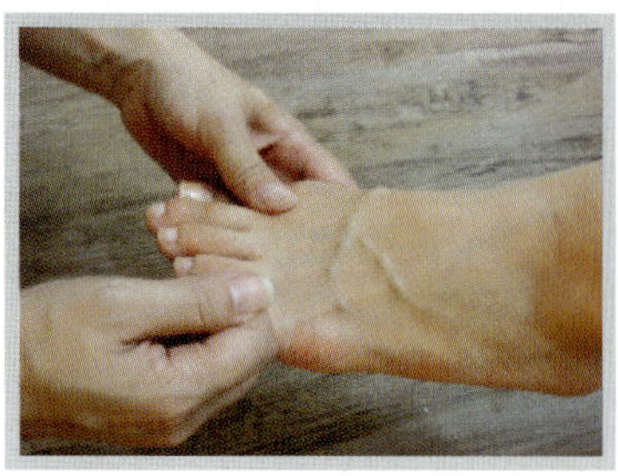

⑦ 발가락 자극하기

발가락 사이에 손을 끼고 가볍게 튕겨주는 자극법으로 신경기능을 완화시켜준다.

⑧ 유분기 제거

스팀 타월로 발과 발가락 사이의 유분기를 꼼꼼히 제거하고 다른 한 발도 똑같은 방법으로 시술한다.

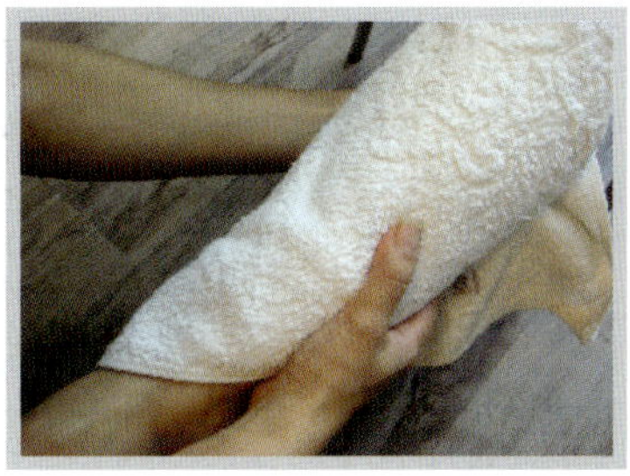

Step 11. 컬러링

발톱의 유분기를 리무버로 깨끗하게 제거하고 토우 세퍼레이터를 끼운 다음 컬러링을 한다.

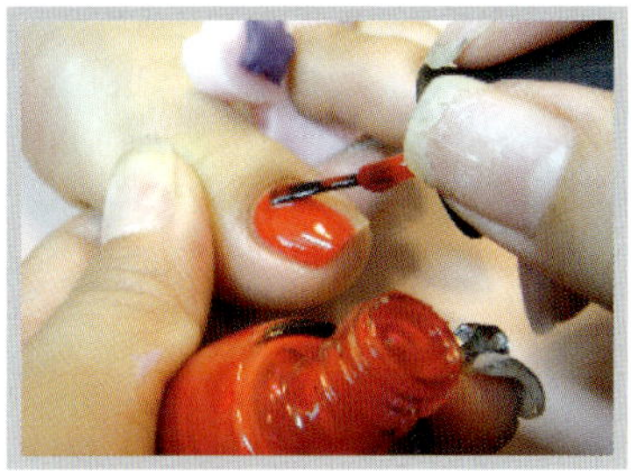

완성사진

Nail Art

Chapter 03 인조손톱(Nail Tips)

팁(Nail Tips)이란 손톱의 길이를 연장하는데 사용되는 인조손톱이다. 팁은 여러 가지 종류의 모양과 사이즈, 길이를 가지고 있으며 보통 플라스틱, 나일론, 아세테이트 재질로 만들어진 것으로서 팁 자체만으로는 약하기 때문에 필러 파우더(filler powder), 실크(silk), 린넨(linen), 화이버 글래스(fiber glass), 아크릴 파우더(acryl powder), 젤(gel) 등을 사용하여 보강해주는 방법들이 있다.

1. 팁 시술에 사용되는 용품

① 파일 (File)

손톱의 모양을 잡거나 인조손톱의 표면을 매끄럽게 갈아 줄 때, 광택을 제거할 때 사용한다.

② 블록 버퍼(Block buffer)

매우 가볍고 잡기 쉽게 만들어진 직육면체 연마제로 네일의 표면을 매끄럽게 마무리 할 때 사용한다.

③ 글루(Nail glue)

인조 네일을 자연 네일에 접착시키거나 랩을 붙일 때 사용되는 네일 전용 접착제를 말한다.

④ 네일 필러 파우더(Nail Filler Powder)

인조네일과 자연 네일사이의 둔덕을 메워 이음새를 자연스럽게 한다.

⑤ 네일 팁(Nail tips)

이미 모양이 만들어진 인조 손톱.

⑥ 글루 드라이어(Glue Dryer)

글루를 빠르게 건조시키는 역할을 한다.

1) 팁의 종류

모든 팁의 접착되어질 부분에는 약간의 턱이 있는데 이 부분이 자연 네일의 표면과 접착되어지는 곳으로 웰(well)이라고 부른다. 웰의 정지선은 포지션 스톱(Position stop)이라고 부르는데 포지션 스톱부분을 초과해서 접착제가 묻지 않도록 해야 한다.

팁 안쪽의 웰(Well)부분에 따라 다음과 같이 나뉜다.

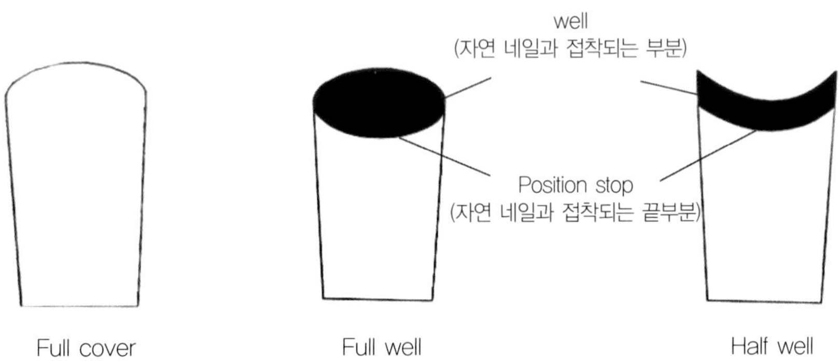

풀커버 팁과 웰(well)의 설명도

(1) 풀 팁(Full Tip)

손톱 전체를 덮는 팁으로써 네일 바디가 너무 짧거나 일시적인 연장 효과를 주기 위해서 쓰인다. 시중에서는 아트를 미리 해놓은 디자인팁(Design Tip)으로 대부분 사용된다. 전체 커버 팁으로써 웰부분이 없다.

(2) 하프팁(Half Tip)

ⓐ 레귤라팁(Regular Tip) : 웰의 크기가 원네일의 프리엣지 부분 정도를 커버하는 유백색의 팁.(Half well)

ⓑ 스퀘어팁(Square Tip) : 웰의 크기가 원네일의 중간정도까지 커버하는 유백색의 팁.(Full well)

ⓒ 칼라팁(Color Tip) : 웰의 크기는 레귤러팁의 크기로써 대표적 칼라팁은 화이트칼라이며 화이트 팁을 보통 프렌치 팁(French Tip)이라고 부르기도 한다. 다양한 색상과 디자인을 가진 칼라팁들이 있다.

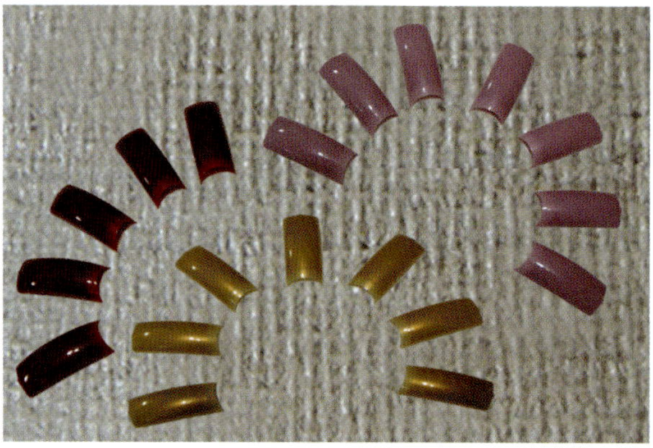

칼라팁

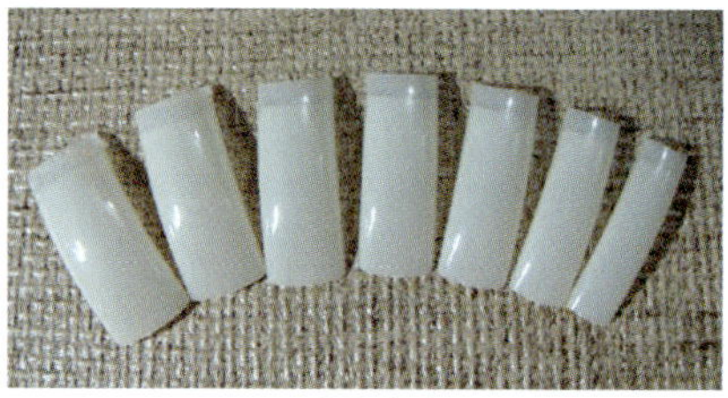

레귤라팁

스퀘어팁

2) 인조 네일 시술시 포인트

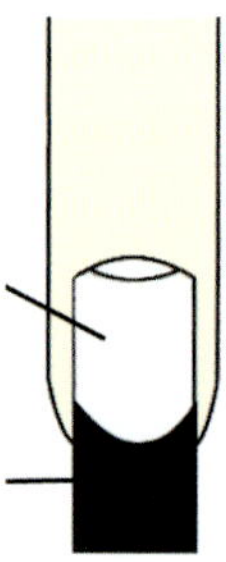

① 시술 위치

팁을 붙일 때는 원네일의 1/3 정도가 적당하고 원네일의 1/2이상을 커버해서는 안 된다. 또한 원네일보다 너무 큰 사이즈를 붙이거나 작은 사이즈를 붙여서도 안 되며 가장 잘 맞는 사이즈의 팁을 붙여야 한다.

(팁이 너무 쳐지거나 올라가게 붙여도 안된다)

② 사이드 스트레이트(Side straight)

네일의 표면을 옆에서 볼 때 네일 밑선의 평행을 의미하는 것으로, 손톱 전체의 쉐입(Shape)을 결정하며 정확한 파일링을 해야 인조 네일의 유지력을 높일수 있다.

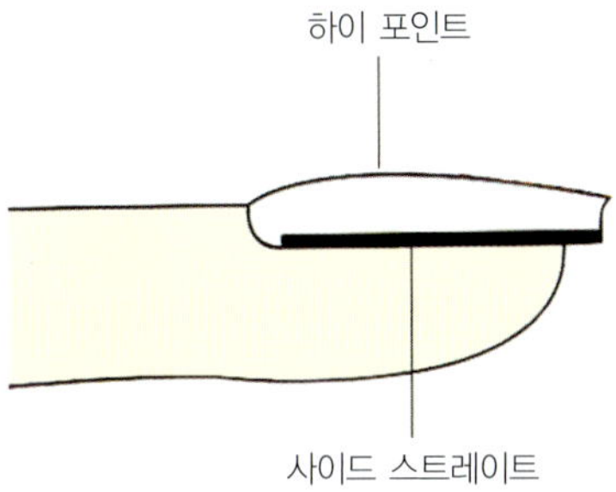

③ 하이 포인트(High Point)

네일의 표면을 옆에서 볼 때 가장 높은 위치를 말한다. 프리엣지 길이에 따라 대략 큐티클라인에서 1/3에서 1/2 정도를 하이 포인트 위치로 보는데 하이 포인트가 아래쪽으로 치우칠 경우에는 무게감이 증가하여 투박해 보이고 위로 치우칠 경우에는 리프팅의 원인이 되기도 한다. 네일 표면을 평면적인 정리보다는 하이포인트를 제 자리에 잘 잡아주면 네일의 폭이 좁아 보이는 시각적 효과를 누릴 수 있다.

④ C 커브(C-curve)

네일을 프리엣지 부분에서 보았을 때 C자형의 커브 정도를 의미한다. 기본적으로 30~40% 정도의 커브가 선호되며 대회 시에는 50%까지 요구되는 경우도 있다.

주로 아크릴릭 네일 또는 실크 익스텐션 시술에서 사용되며 프리엣지 쪽이 벌어지는 손톱의 경우 강한 강도의 C 커브를 만들어 주면 손톱의 모양을 교정 할 수도 있다.

2. 파우더 팁(Tip with Powder)

인조네일의 가장 기본이 되면서 자연 네일이 짧은 경우 자연스러운 손톱으로 연장하고자 할 때 시술하면 효과적이다.

1) 준비물

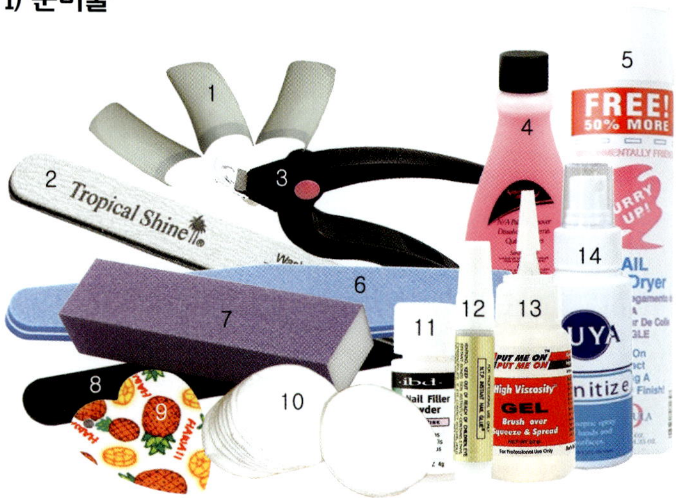

① 레귤러 팁, ② 지브라 파일, ③ 팁 커터, ④ 리무버, ⑤ 글루 드라이어
⑥ 3-way, ⑦ 샌딩블럭, ⑧ 블랙 파일, ⑨ 디스크 패드, ⑩ 화장솜
⑪ 필러 파우더(Filler powder), ⑫ 네일 글루(Nail glue), ⑬ 젤, ⑭ 안티셉틱

2) 사전 준비

위생 처리 절차를 하고 미용 테이블에 기본 매니큐어와 팁 접착에 필요한 제품을 테이블 위에 준비한다.

3) 시술 과정

Step 1. 손 소독하기
시술자 손을 소독한 다음 고객의 손을 소독한다.

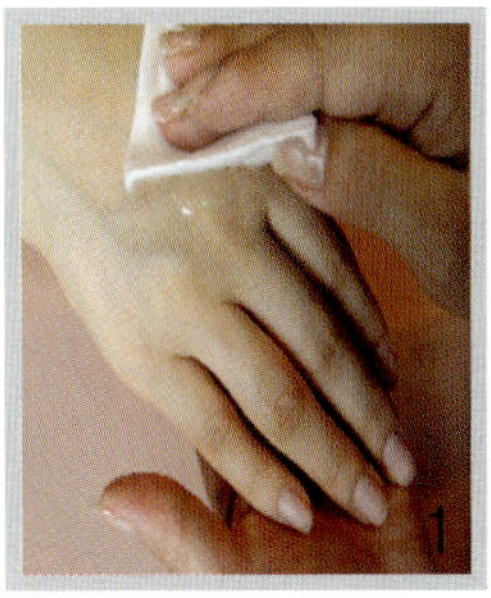

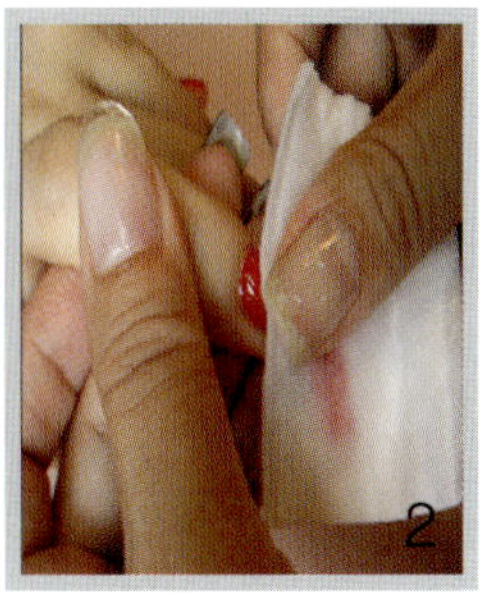

Step 2. 팔리쉬 제거하기

리무버로 팔리쉬를 제거한다.

Step 3. 네일 쉐입 잡기

자연 네일의 프리엣지 부분을
라운드 쉐입으로 다듬어 준다.

Step 4. 프리퍼레이션(Preparation)

: 루즈스킨 제거 및 에칭과정 (유분기제거)

① 푸셔를 사용하여 큐티클을 잘 밀어준다. 이때 손톱 표면에 손상이 갈 수 있기 때문에 푸싱을 강하게 하지 않는다.

② 샌딩블럭으로 네일 표면의 유분과 광택을 제거한다. (에칭과정)

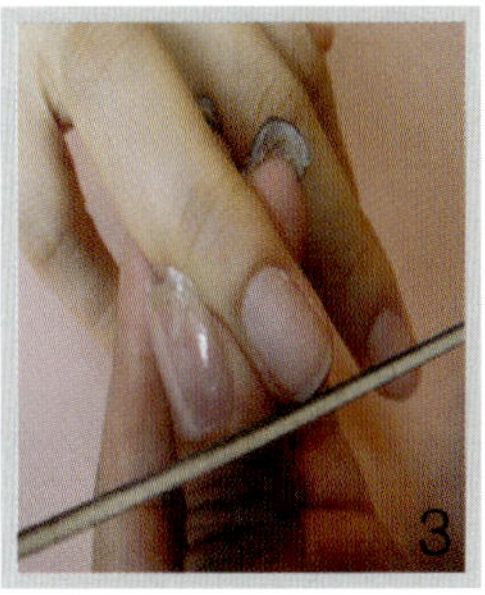

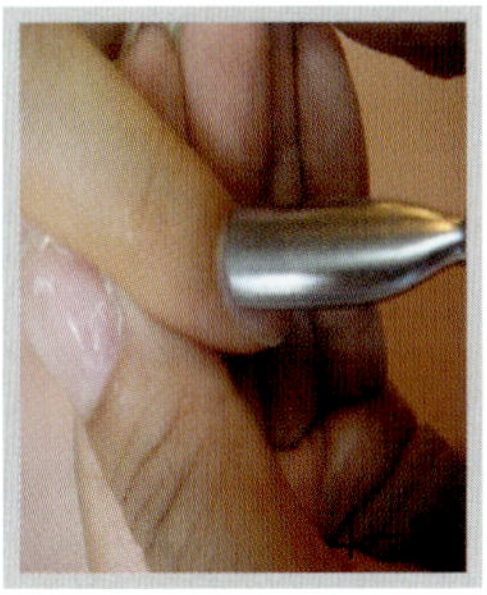

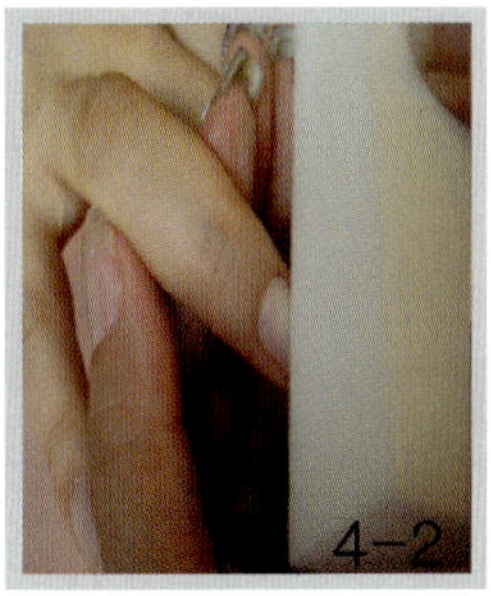

Step 5. 팁 부착하기

팁의 Well 부분에 적당량의 글루를 바른 뒤 팁의 각도를 45° 정도로 유지하면서 네일베드와 수평으로 잘 맞도록 팁을 밀착시킨 후 10초정도 고정시킨다. 공기가 들어가면 빨리 떨어지는 원인이 되고 습기가 차고 박테리아 성장을 돕는다. (팁이 너무 처지거나 위로 들려서 붙여지지 않도록 하며 중심축이 틀어져서 붙여지지 않도록 주의한다.)

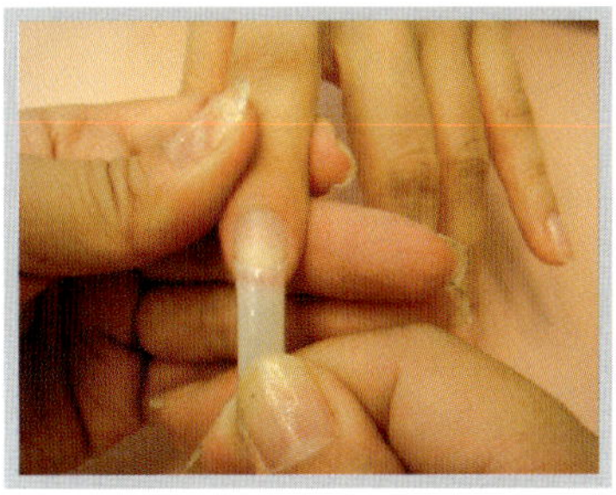

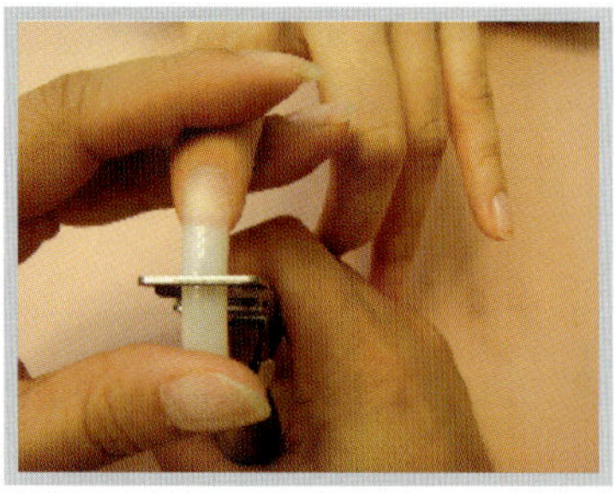

Step 6. 길이 자르기와 모양 만들기

팁의 길이와 모양은 고객이 원하는 정도에 맞추도록 하며 약간의 여유분을 주고 자르도록 한다.

Step 7. 팁 턱 제거 & 먼지 제거

① 자연 네일과 팁의 연결 부분을 매끄럽게 갈아준다. 이때 180그릿 파일을 사용하며 자연 네일이 최대한 손상되지 않도록 각도 조절과 파일의 방향을 올바르게 한다.

② 네일 브러시를 이용해 네일의 먼지를 제거한다.

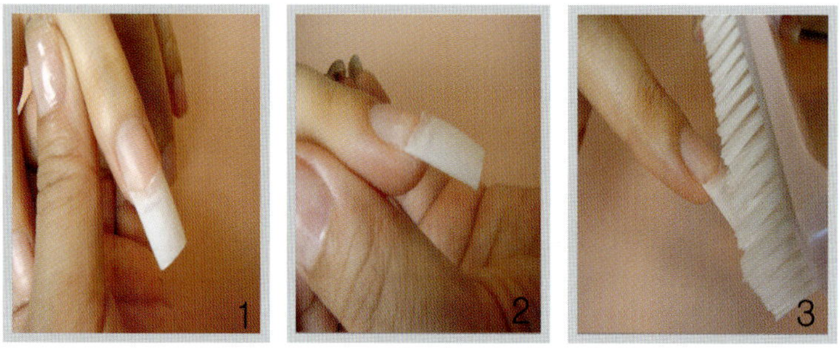

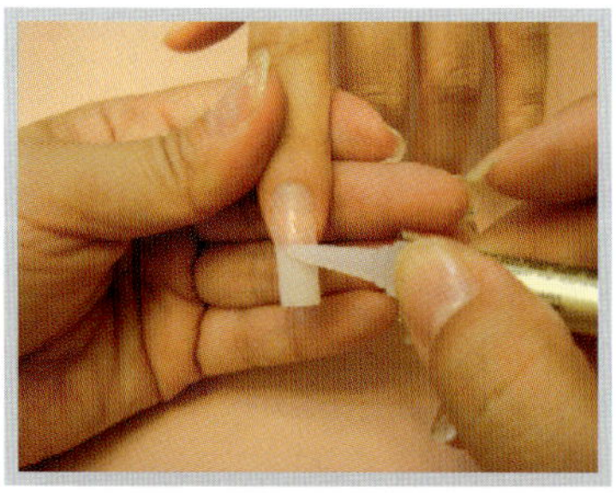

Step 8. 글루 바르고 필러 파우더 뿌리기

네일 전체에 글루를 바르고 필러 파우더를 뿌려준다. 이 과정을 2~3회 반복하여 적당한 두께를 만들어주며 하이포인트도 잡아준다. (파우더와 글루가 큐티클쪽으로 넘치지 않도록 주의하며 파우더가 스킨쪽으로 넘치면 오렌지 우드스틱을 이용하여 제거해준다.)

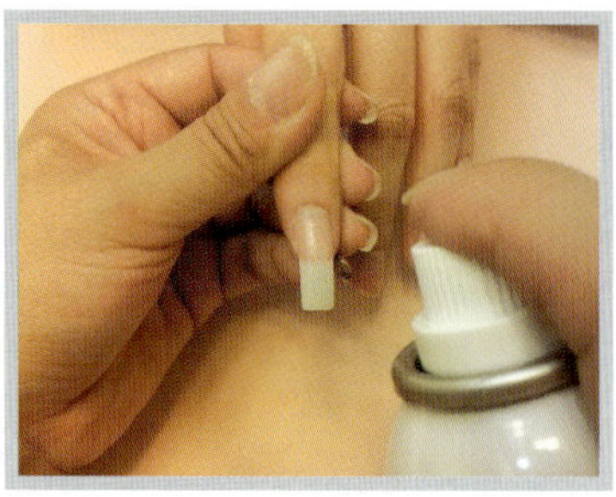

Step 9. 글루드라이 뿌리기

글루 드라이어를 뿌려 표면을 건조시킨다.

(글루 드라이어는 15~20cm정도 떨어져 소량 분사하도록 한다. 다량 사용하거나 가깝게 사용시 발열작용으로 고객이 뜨겁게 느낄수 있고 기포가 생기기 쉬우며 투명도도 저하된다.)

Step 10. 파일링 하기

파일로 인조손톱의 표면을 매끄럽게 파일링한다.

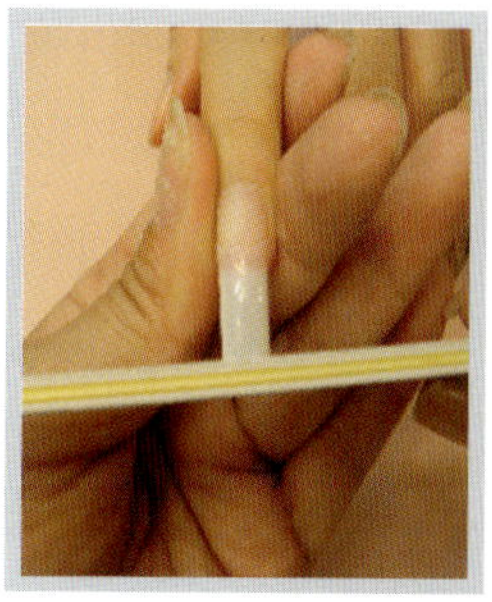

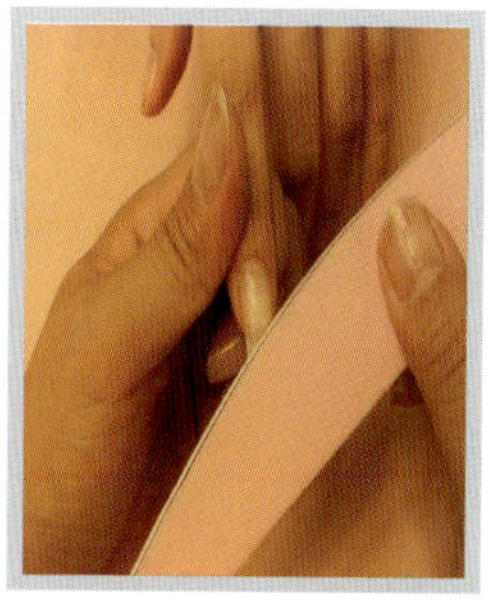

Step 11. 젤 바르기 & 샌딩 하기

전체적으로 젤 글루를 바르고 건조되면 샌딩블럭으로 표면을 정리한다.

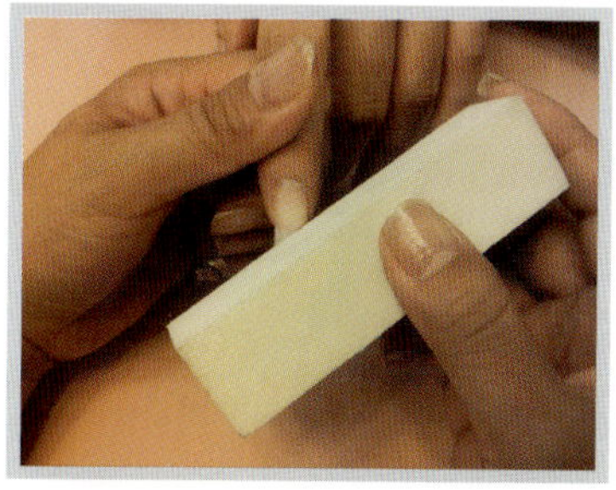

Step 12. 마무리

오일을 바르고 샤이니 버퍼를 이용하여 광택을 낸다.

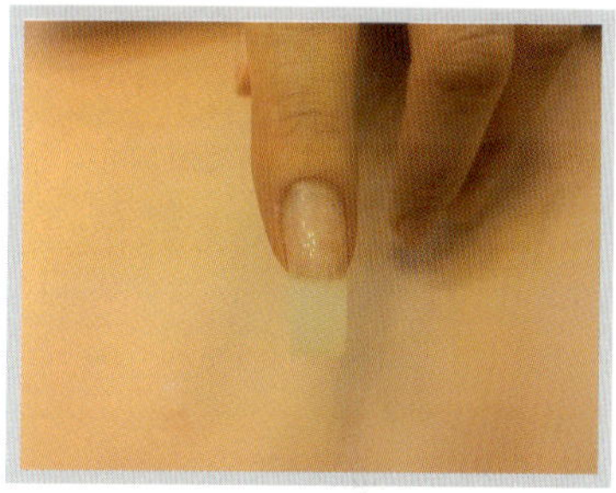

Tip!

레귤러팁 선택하기

팁을 고를 때에는 자연네일의 양옆과 사이즈가 맞는 팁을 선택하도록 한다. 손톱에 비해 팁 사이즈가 작으면 양쪽 측면의 변형이 일어나 잘 떨어지거나 부러질 수 있으므로 맞는 사이즈의 팁이 없다면 큰 팁을 골라 자연 네일의 크기에 맞도록 양옆을 갈아준다.

4) 팁의 보수와 제거

(1) 보수(Fill In)

① 시술자와 고객의 손을 소독한다.

② 리무버로 팔리쉬를 제거하고 문제성 네일인지 아닌지를 확인한다.

③ 문제가 없는 네일이라면 새로 자란 네일 부분과 작업했던 네일의 사이에 들뜬 부분을 낡은 니퍼를 이용하여 제거한다. 파일을 이용하여 턱을 갈아주고 새롭게 자란 네일 부분에 글루와 필러를 이용하여 채워준다.

④ 건조된 뒤 파일과 샌딩을 이용하여 표면을 매끄럽게 해준다.

⑤ 큐티클 오일을 바르고 큐티클을 정리해 준다.

⑥ 유분 제거 후 베이스코트 → 팔리쉬 → 탑코트로 마무리 해준다.

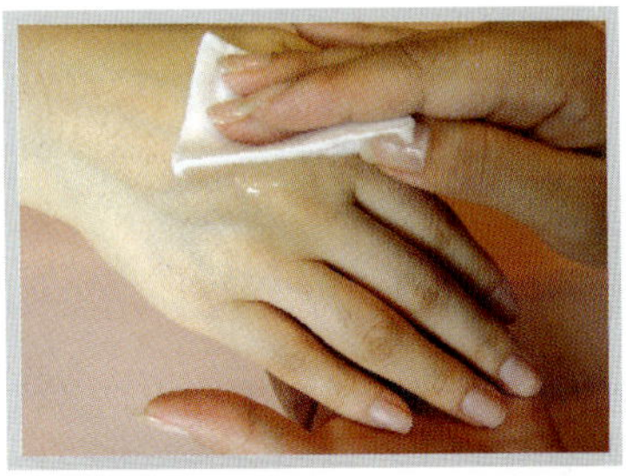

(2) 제거(Soak off)

① 시술자와 고객의 손을 소독한다.

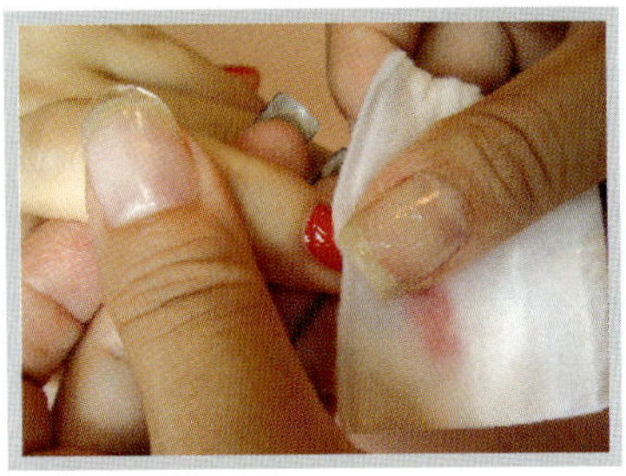

② 리무버로 팔리쉬를 제거하고 문제성 네일인지 아닌지를 확인한다.

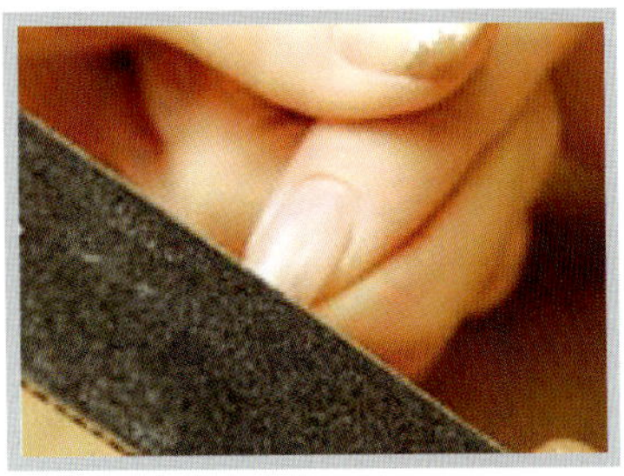

③ 인조 팁을 클리퍼로 잘라 낸 뒤 파일로 인조네일 표면을 파일링 하여 팁의 제거시간을 단축한다.

④ 적당량의 100% 아세톤을 솜에 묻혀 네일을 감싸고 호일로 다시 한 번 감아 주어 수 분간 방치하여 불리기(Soak nails)작업을 하도록 한다.

⑥ 흐물흐물해진 팁의 잔여물을 오렌지 우드스틱 등을 이용하여 밀어서 제거한다. 이때 자연네일이 손상될 수 있으므로 잡아당기거나 무리한 힘을 주어 제거하지 않도록 한다.

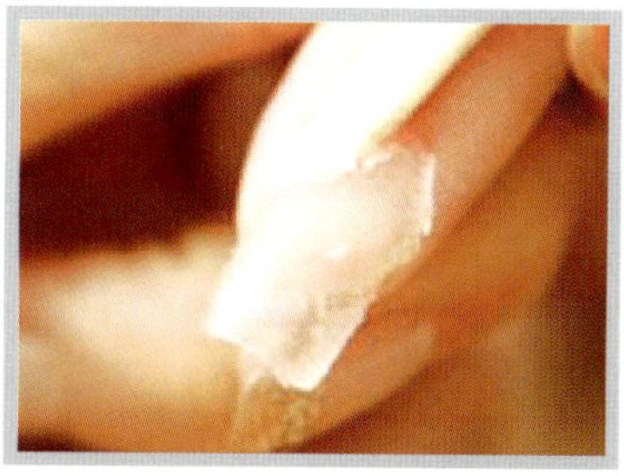

⑦ 샌딩 블럭을 이용하여 거칠어진 네일의 표면을 정리한다.

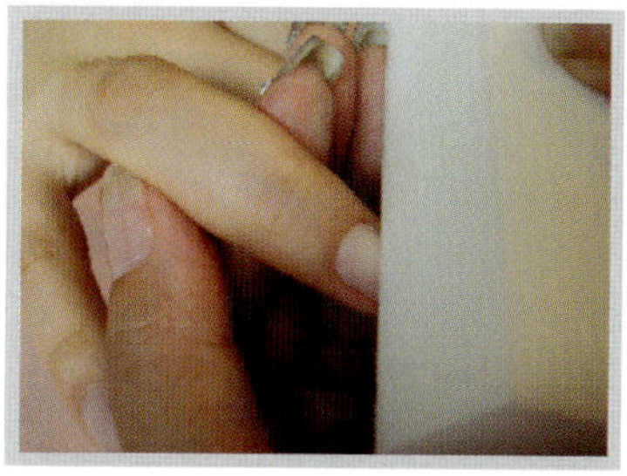

⑧ 큐티클 오일과 마사지 크림을 이용하여 팁 제거의 마무리를 해 준 뒤 고객이 원할 경우 다른 시술을 해 주고 그렇지 않을 경우 네일 보강제를 발라주도록 한다.

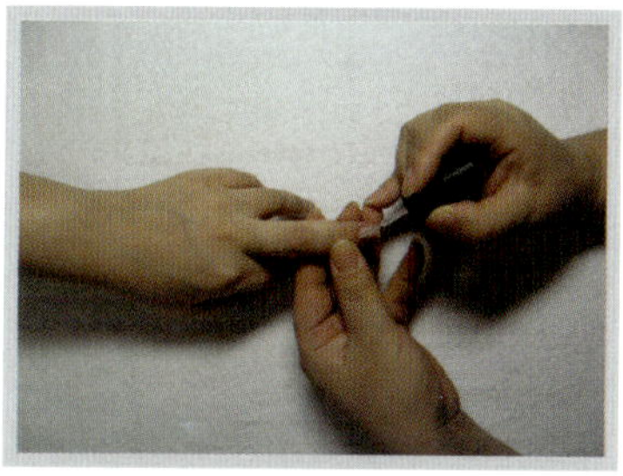

Nail Art

Chapter 04

네일 랩(Nail Wraps) & 익스텐션(Extension)

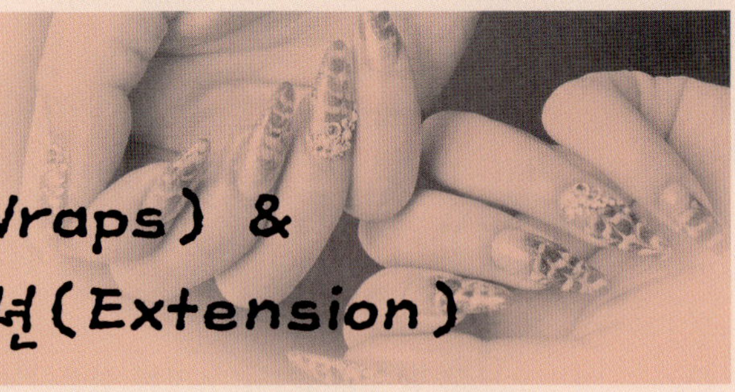

네일 랩(Nail wraps)이란, '손톱을 씌워준다(포장한다)' 는 뜻으로 '오버레이(overlays)' 라고도 부르며 이것은 천(Fabric)이나 종이(Paper)를 네일 크기로 오려서 접착제로 손톱에 붙이는 것이다. 손상된 자연 네일이나 인조 팁 위에 씌워줌으로써 강도를 높여주고 부러지거나 깨어진 손톱을 보수하는데 사용된다.

패브릭 랩(Fabric Wrap)의 종류에는 실크(Silk), 린넨(linen), 화이버 글래스(Fiberglass)등이 있다.

Silk

매우 가느다란 명주실로 촘촘히 짜인 천으로 손톱위에 붙이면 투명하게 보이며 가볍고 자연스럽게 보여 가장 많이 이용되는 재료이다.

linen

굵은 소재의 천으로 짜여있어 다른 소재에 비해 강하고 오래 견디나 매우 두껍고 투박하여 투명해 보이지 않는다. 그러므로 반드시 유색 네일 에나멜을 발라주는 것이 좋다.

Fiberglass

매우 가느다란 인조섬유로 짜여 있기 때문에 접착제가 잘 스며들며 광섬유, 유리섬유라고 한다. 조직의 짜임새가 드러나 보이기는 하지만 실크보다 강도가 강하다. 그러나 조직의 짜임새가 듬성듬성 하므로 초보자가 시술하기에 어려움이 있다.

1. 팁 위드 랩(Tip with Wrap)

실크는 부착 후에 투명하게 나타나는 얇은 천이지만 튼튼하고 오래가는 특성이 있다. 그래서 팁 위에 실크를 붙여도 조직이 보이거나 투박한 느낌 없이 자연스럽고 튼튼한 손톱을 유지할 수 있다.

실크에는 천 뒷면에 접착제가 묻어 있는 스티커 실크가 있고 그렇지 않은 실크가 있다.

1) 준비물

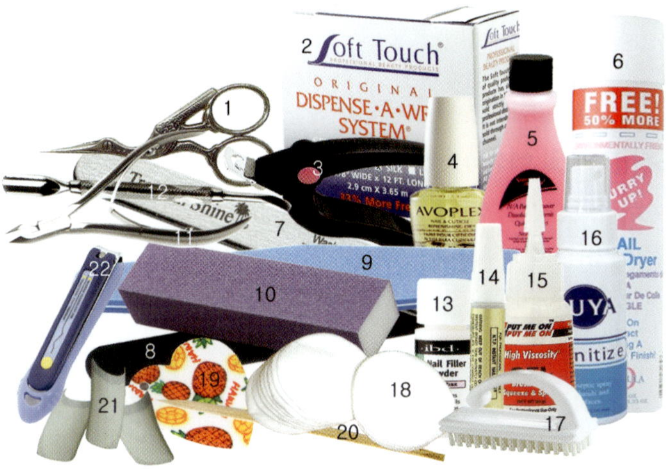

① 실크 가위, ② 실크, ③ 팁 커터, ④ 큐티클 오일, ⑤ 리무버,
⑥ 글루 드라이어, ⑦~⑧ 파일, ⑨ 3-way, ⑩샌딩블럭, ⑪ 니퍼, ⑫ 푸셔,
⑬ 필러 파우더, ⑭ 안티셉틱, ⑮ 젤글루, ⑯ 안티셉틱, ⑰ 네일 브러시,
⑱ 솜, ⑲ 디스크 패드, ⑳ 오렌지우드 스틱, ㉑ 팁, ㉒ 클리퍼

2) 사전 준비

위생 처리 절차를 하고 기본 매니큐어 용품과 랩핑에 필요한 제품을 테이블 위에 준비한다.

3) 시술과정

Step 1. 시술자 손을 소독하고 고객의 손 소독하기

Step 2. 팔리쉬 제거하기

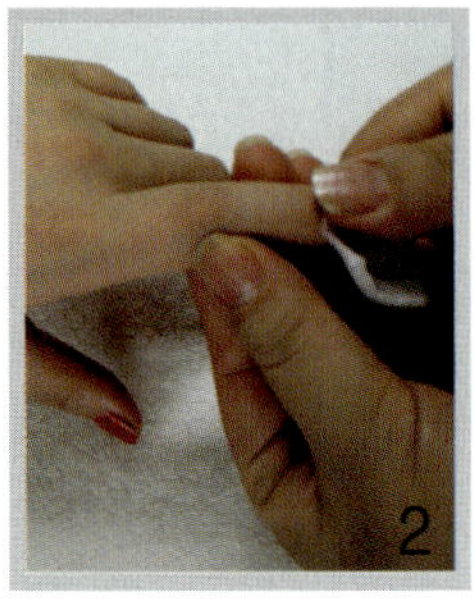

Step 3. 프리퍼레이션(Preparation):
루즈스킨 제거 및 에칭과정 (유분기제거)

① 네일 쉐입 잡기 : 부드러운 파일(180grit 정도)을 이용하여 네일의 형태를 잡아준다.

② 푸셔를 사용하여 큐티클을 잘 밀어준다.

③ 팁이 잘 접착되도록 샌딩 블럭으로 네일 표면의 유분과 광택을 제거한다.

④ 불필요한 찌꺼기를 디스크 패드나 네일브러시를 사용하여 깨끗이 털어낸다.

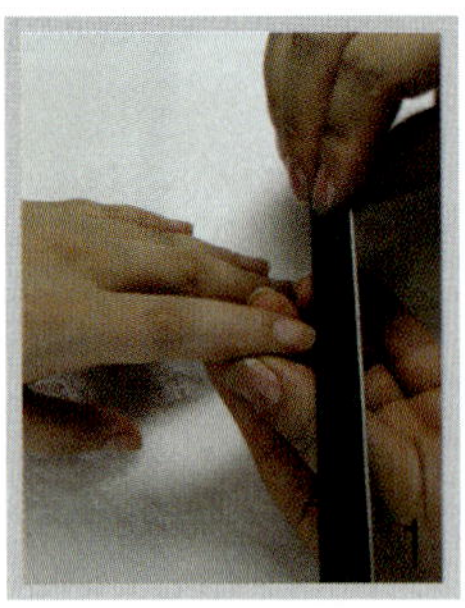

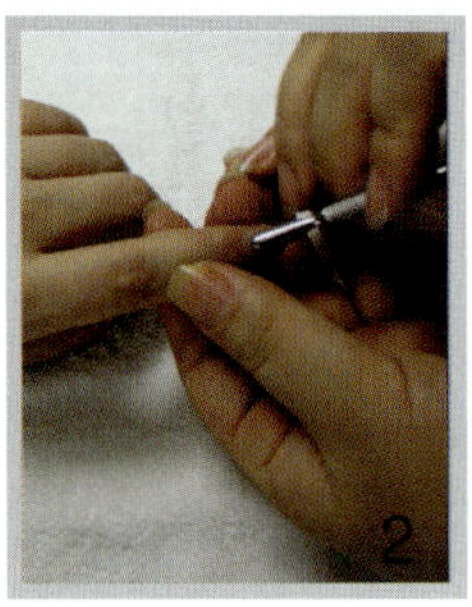

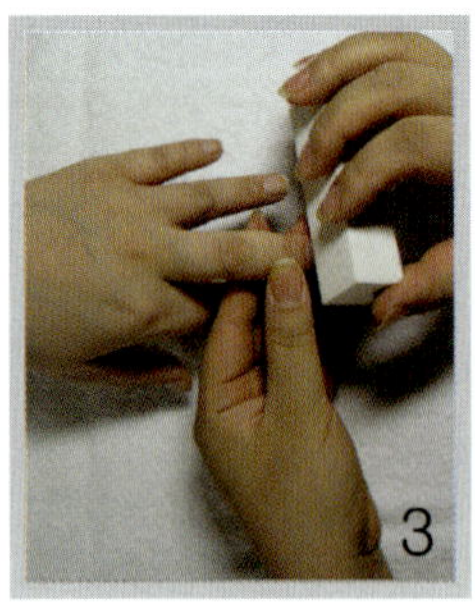

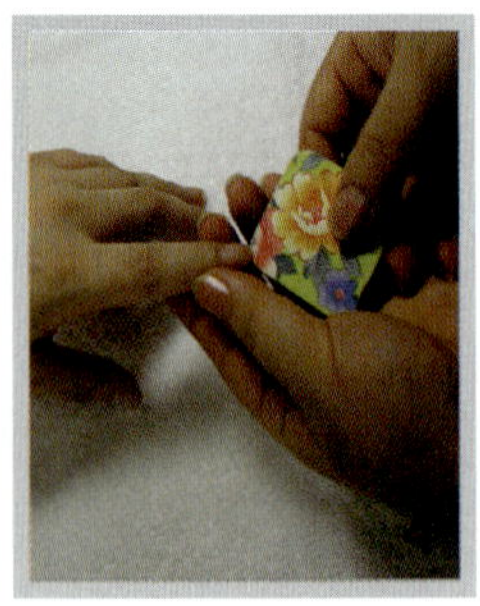

Step 4. 팁 부착하기

팁의 각도를 45° 정도로 유지하면서 네일 베드와 수평으로 잘 맞도록 팁을 잘 부착시킨다(공기가 들어가지 않도록 주의).

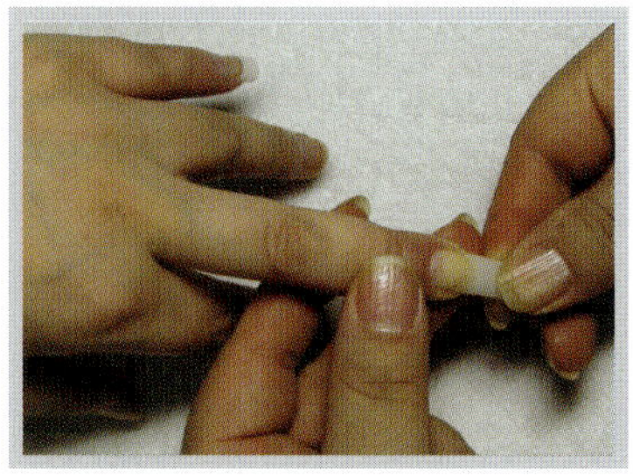

Step 5. 팁 자르기

팁커터로 팁의 길이를 고객이 원하는 정도로 자른다.

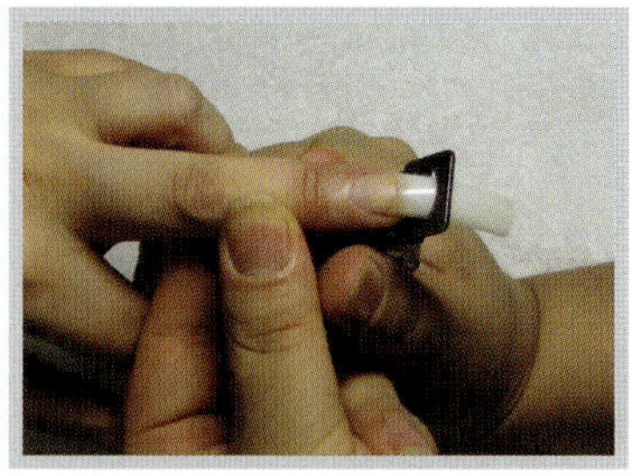

Step 6. 쉐입 및 턱 제거하기

팁 쉐입을 정리하고 팁의 턱을 매끄럽게 갈아준다. 이때 180grit 파일을 사용한다. 자연 네일이 손상되지 않도록 주의한다.

Step 7. 실크 재단과 접착

그루브 부분은 손톱 선에 맞게 자르고 큐티클 아래 부분은 약간 둥글게 오린다. 랩을 큐티클라인에서 1mm정도 띄우고 왼쪽 위 모서리 부분에 잘 맞춰 접착시킨다.

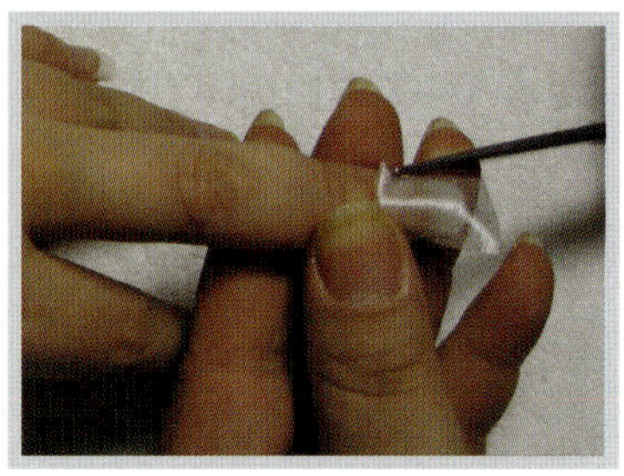

Step 8. 글루 바르기

부착한 실크의 접착력을 높이고 두께 조절을 위해 글루를 바른다.

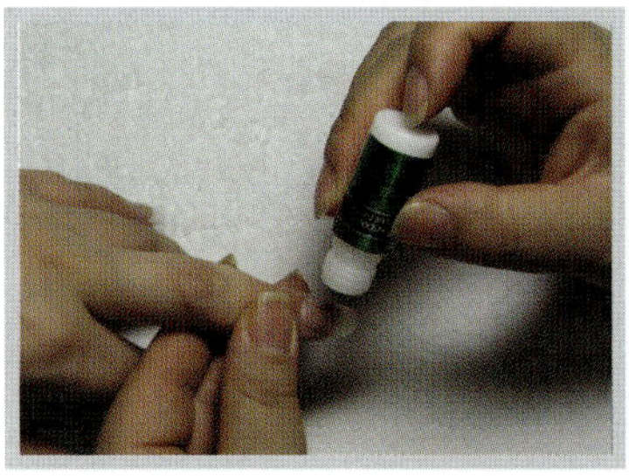

Step 9. 파우더 뿌리기

네일 전체에 필러 파우더를 골고루 뿌려준다. 1~2회 반복하여 전체 손톱의 발란스와 두께를 맞춘다.

Step 10. 파일링하기

글루 드라이 사용하여 건조시킨 후 파일링한다. 샌딩으로 표면을 더욱 매끄럽게 한다.

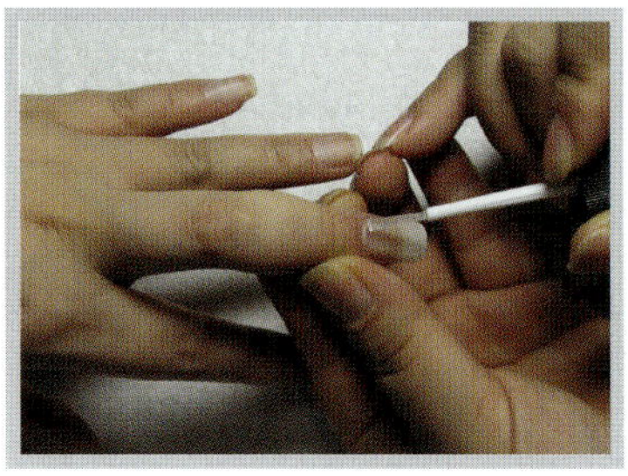

Step 11. 마무리 젤 글루 바르기

젤 글루를 팔리쉬 칠하듯 잘 바르고 글루 드라이어를 뿌려준다. (글루 드라이어를 사용 후 바로 브러시젤을 사용할 경우 브러시가 굳을 수 있다.)

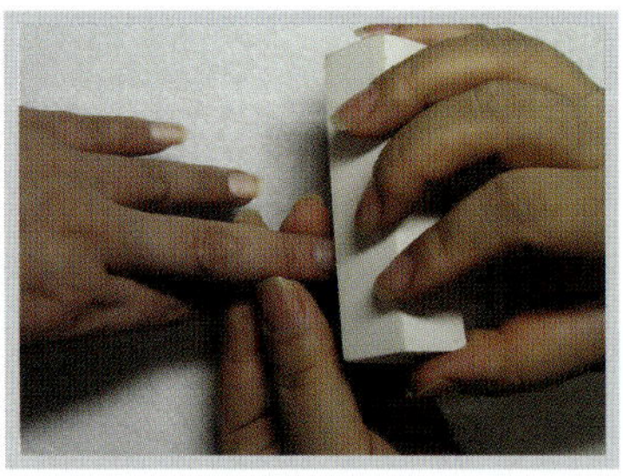

Step 12. 샌딩하기

샌딩블럭을 이용하여 표면을 매끄럽게 정리한다.

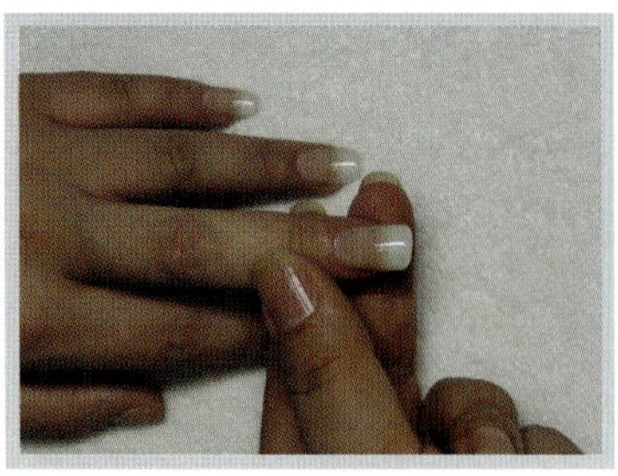

Step 13. 마무리 후 완성

오일을 바르고 3-way나 샤이니 버퍼를 이용하여 광택을 낸다.

Tip!

자연네일의 보수

찢어지거나 갈라진 자연네일을 보수하고자 할 때 팁 위드 랩의 방법으로 보수하면 찢어진 손톱을 정상 손톱처럼 사용할 수 있다. 이 때는 필러파우다를 사용하여 손톱의 두께를 보강한다.

2. 실크 익스텐션(Silk Extension)

인조 팁을 사용하지 않고 실크 천에 필러 파우더와 글루, 젤을 이용하여 네일의 길이를 연장하는 방법을 '실크 익스텐션(Silk extension)' 이라고 한다. 익스텐션은 자연네일의 색과 비슷하여 매우 자연스럽다. 익스텐션 시술 시에는 투명도, 두께, C-커브에 중점을 두어 작업하도록 한다.

1) 준비물

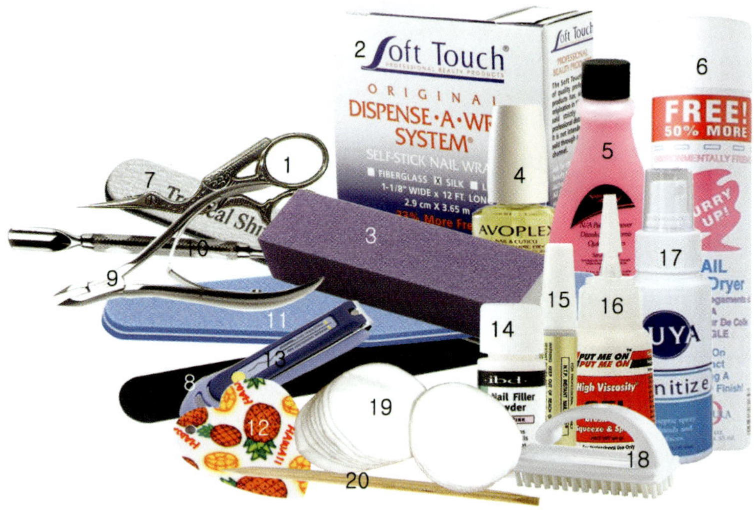

① 가위, ② 실크, ③ 샌딩블럭, ④ 큐티클 오일, ⑤ 리무버
⑥ 글루 드라이어, ⑦~⑧ 에머리보드, ⑨ 니퍼, ⑩ 푸셔, ⑪ 3-way
⑫ 디스크 패드, ⑬ 클리퍼, ⑭ 필러 파우더, ⑮ 글루, ⑯ 젤
⑰ 안티셉틱, ⑱ 네일 브러시, ⑲ 화장솜, ⑳ 오렌지우드 스틱

2) 사전 준비

위생 처리 절차를 하고 랩핑에 필요한 제품을 테이블 위에 준비한다.

3) 시술 과정

Step 1. 손 소독하기(시술자 → 고객)

Step 2. 팔리쉬 제거하기

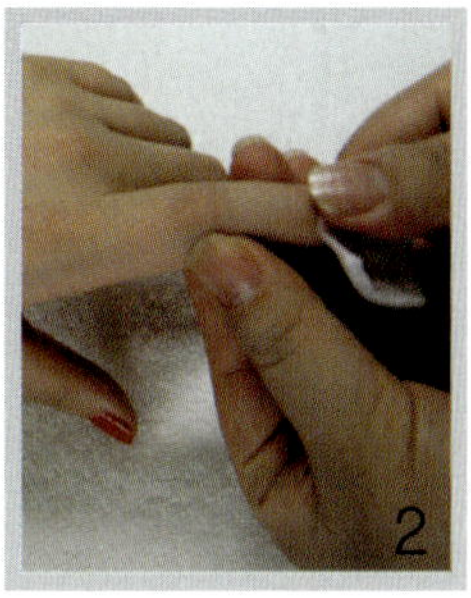

Step 3. 네일 쉐입 잡기

Step 4. 프리퍼레이션(Preparation)

: 루즈 스킨 제거 및 에칭과정 (유분기제거)

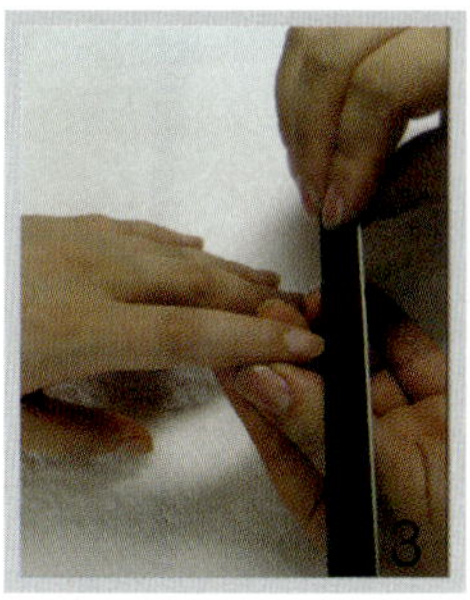

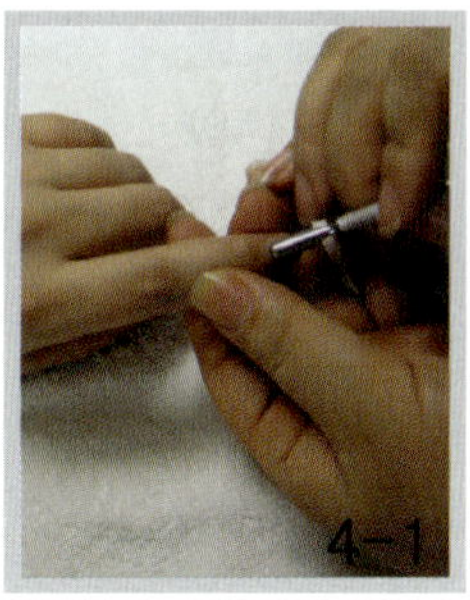

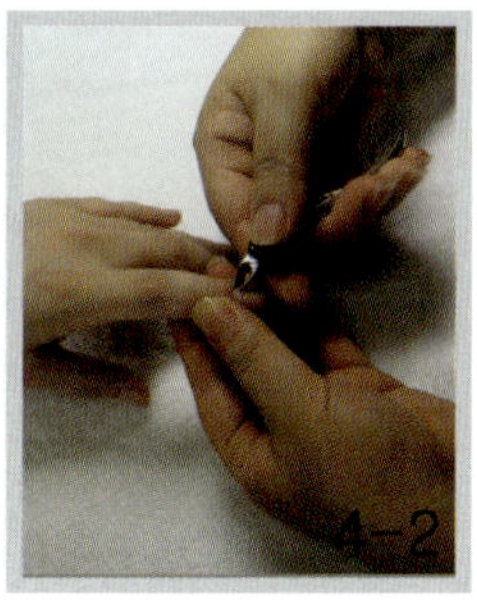

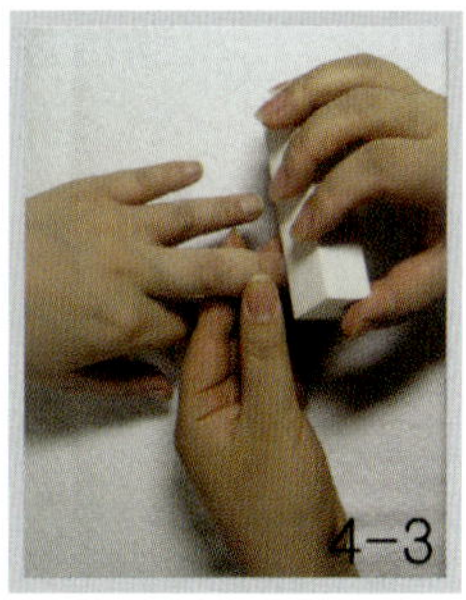

Step 5. 실크 재단과 접착

실크를 사다리꼴 모양으로 자른 후 큐티클에서 1mm정도 떼고 붙여준다. 이때 프리엣지 아래 부분의 실크는 연장하고자 하는 손톱의 길이보다 여유 있게 재단하고 양사이드는 들뜨지 않도록 잘 눌러준다.

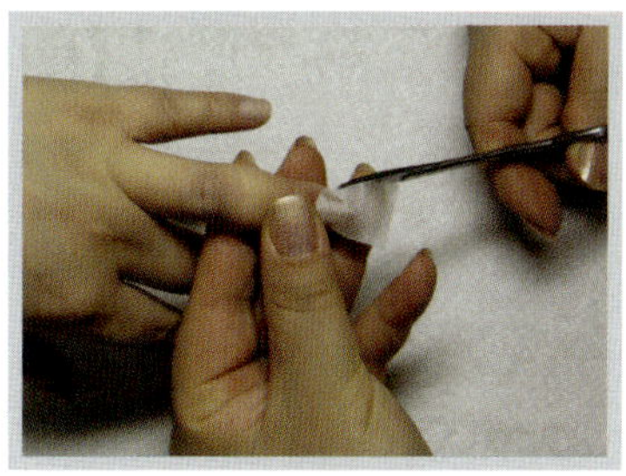

Step 6. 글루 바르기

네일 바디(Nail body)부분에 글루를 바른 뒤 실크가 뒤틀리거나 울지 않도록 탄력을 주면서 아래로 살짝 잡아당기며 랩을 접착시킨다.

Step 7. 필러 파우더 뿌리고 글루 바르기

손톱을 연장하고자 하는 프리엣지 부분에 글루를 바르고 필러 파우더를 얇고 고르게 뿌린 후 다시 한 번 글루를 바른다.(1~2회)

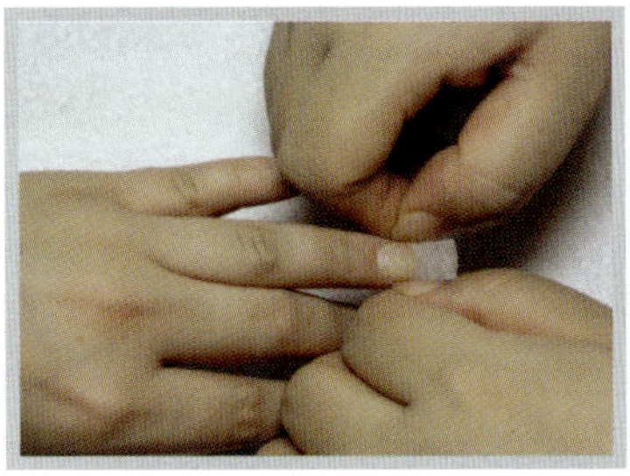

Step 8. C커브 만들기(핀칭 Pinching작업)

스트레이트 포인트부분을 양손의 엄지 손톱으로 지긋이 눌러 C커브를 만든 후 필러와 글루를 반복 사용하여 프리엣지에 두께를 만들어 준다.(필러 파우더는 조금씩 여러 번에 걸쳐 뿌리고 글루를 바르는 것이 더욱 투명하다.)

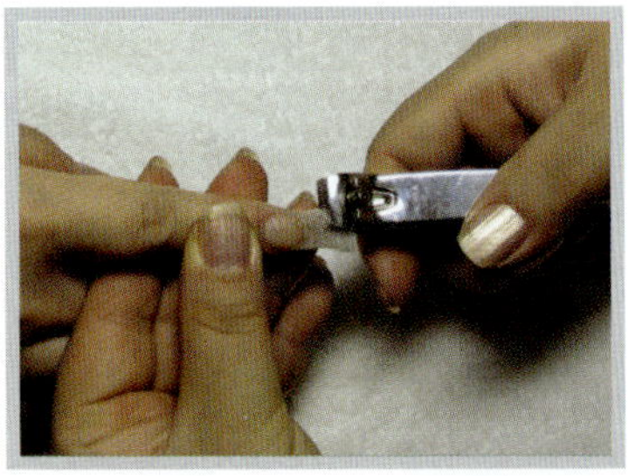

Step 9. 길이 자르기

클리퍼를 사용하여 길이를 조절한다. 길이를 자를 때는 한 번에 자르면 깨질 수 있으므로 조금씩 여러 번에 걸쳐 자르도록 한다.

Step 10. 두께 만들기

글루와 필러파우더를 이용하여 전체 손톱의 두께를 만든다(4~5회 반복)

Step 11. 파일링

글루 드라이를 뿌린 후 파일링 한 다음 샌딩한다.

Step 12. 글루와 젤 코팅

투명도를 위해 파일링 한 네일 표면의 찌꺼기를 말끔히 제거하고 글루와 젤을 네일 표면에 바른 후 프리엣지 뒷 부분에도 젤을 바른다.(프리엣지 뒷부분에 젤을 바르는 과정은 투명도를 높여줄 뿐만 아니라 실크를 보호하고 단단하게 해 주는 역할을 한다.)

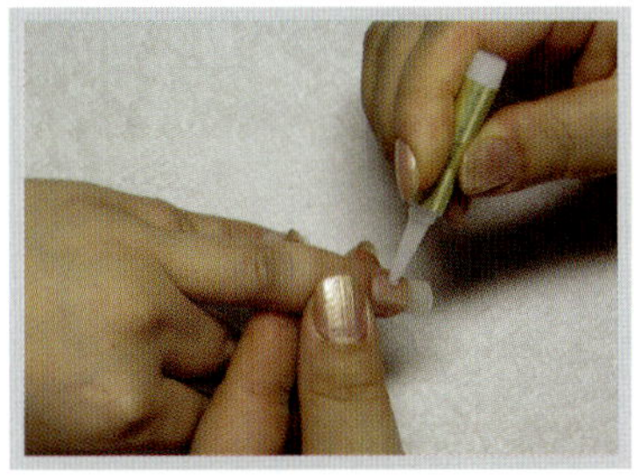

Step 13. 드라이어 뿌리기

15~20cm 쯤 떨어져서 고르게 뿌린다.

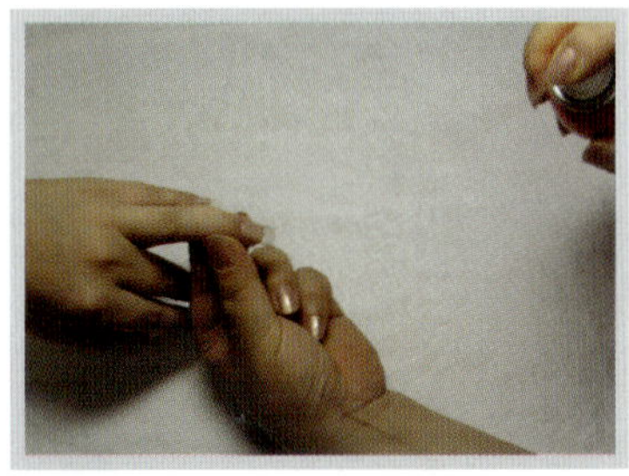

Step 14. 표면 샌딩

젤 글루가 코팅된 표면을 샌딩 블록으로 다듬는다.

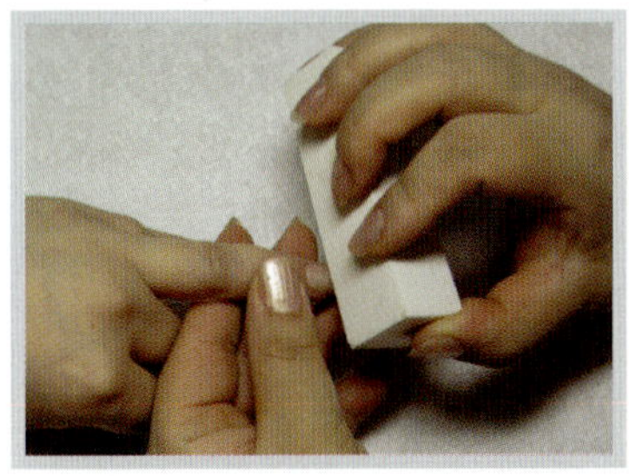

Step 15. 마무리 후 완성

오일을 바르고 샤이니 버퍼를 이용하여 광택을 낸다.

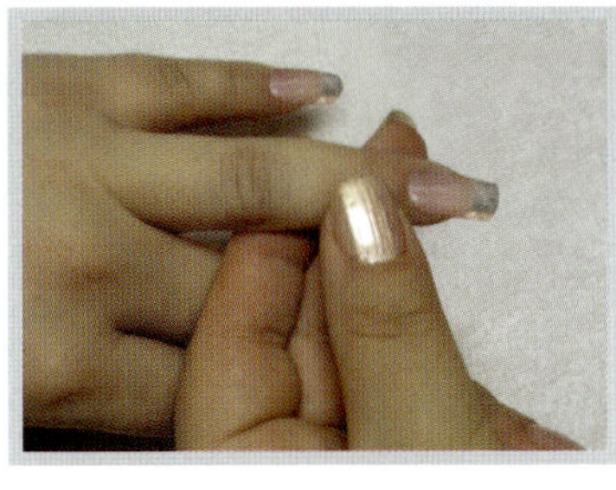

Nail Art

Chapter 05 아크릴릭 네일(Acrylic Nails)

아크릴릭(Acrylic)네일은 아크릴릭 리퀴드(Acrylic liquid)와 아크릴릭 파우더(Acrylic Powder)가 서로 믹싱되어 만들어지는 인조손톱으로써 이 두 물질의 적절한 혼합으로 손톱의 두께를 조절할 수 있으며 자연 네일과 인조 팁 모두 시술 가능하다. 아크릴릭의 재료는 수백 년 전부터 치과에서 치아 성형을 할 때 덴탈 브러시(dental brush)로 고객의 치아에 스캅춰(sculpture)를 한 것에서 나온 기술이다. 아크릴릭(Acrylic)네일은 인조 손톱 위에 하는 아크릴릭 오버레이(Acrylic overlays)와 폼 위에 아크릴릭을 올려 손톱을 길게 만들어 주는 스캅춰 네일(Sculptured nail)이 있다.

1. 아크릴릭 네일의 지식

1) 아크릴릭의 주요 재료

① 프라이머 (Primer)

자연네일에 올린 아크릴 볼이 잘 접착되도록 자연네일에 바르는 것이다. 프라이머를 바른 후 완전히 건조된 후에 아크릴 믹스쳐를 올리는 것이 좋다. 프라이머의 주요 성분은 메타크릴산(methacrylic acid)으로 산성 성분이 있으므로 피부에 닿지 않도록 시술하고 닿았을 경우 물로 바로 씻어낸다.

② 아크릴릭 리퀴드

모노머(단량체/Monomer)로서 에틸메타크릴레이트(ethyl methacrylate), 에틸렌 글리콜 메타크릴레이트(ethylen glycol ethyl methacrylate)성분으로 되어 있다.

③ 아크릴릭 파우더

폴리에틸 메타크릴레이트(polyethyl methacrylate,PEMA)를 주성분으로하며 분말 상태로서 여러 가지 색상의 파우더가 있다.

④ 아크릴 브러시

대부분의 아크릴 브러시류들은 둥글고 끝이 모아진 형태이다. 이것은 리퀴드를 브러시 속에 머금어 파우더에 담갔을 때 믹스쳐를 만들기 쉽게 하기 위함이다.

⑤ 리퀴드 볼

리퀴드 볼은 아크릴 믹스쳐의 비율에 영향을 줄 수 있는 도구이다. 시술시에는 리퀴드를 시술량에 맞춰 따라놓는 것이 중요하다. 시술이 끝난 후 사용한 리퀴드는 버리고 나중에 새로운 것을 따라 쓰는 것이 끈적거리는 리퀴드를 사용하지 않아야 적절한 농도의 믹스쳐를 만들 수 있다.

2) 아크릴릭의 기본 법칙

파우더 2 : 리퀴드 1은 일반적인 비율이다. 그러나 시술시간, 브러시 사이즈, 각 네일리스트의 테크닉에 따라 바뀔수 있다. 아크릴 믹스쳐의 농도가 서로 맞지 않으면 아크릴 네일의 리프팅과 흰 점이 생기는 원인이 된다.

3) 아크릴릭 네일 시술 후의 관리

무리한 충격을 가할 시 깨지기 쉬우므로 고객에게 주의하도록 당부한다. 보수 서비스(fill-in)는 손톱이 자라는 속도와 직업, 손톱의 표면 상태(지성, 건성)에 따라 다르지만 최소 2~3주에 한 번은 꼭 필요하다.

(1) 아크릴 네일의 문제점과 원인

① 들뜸(Lifting)

아크릴이 자연손톱으로부터 따로 분리되어 들뜨는 현상.

원인 ⓐ 아크릴 리퀴드와 파우더의 혼합 비율이 맞지 않을 경우 (너무 묽거나 너무 뻑뻑한 믹스쳐도 리프팅의 원인이 된다)

ⓑ 큐티클 아래 부분의 아크릴을 너무 두껍게 올렸을 때 자연손톱과의 턱을 충분히 제거되지 않아 그 틈 사이로 습기가 스며드는 경우

ⓒ 자연 손톱의 프리퍼레이션을 제대로 하지 못했을 경우

ⓓ 불순물이 섞인 아크릴 파우더나 리퀴드를 사용했을 경우

ⓔ 프라이머가 오염되었거나 공기와 빛에 노출로 산성이 약화되었을 경우

ⓕ 바디가 짧은 자연 손톱에 팁을 길고 두껍게 붙인 경우

② 깨짐(Crack)

어떤 물리적 충격이 손톱에 가해졌을 때 금이 가거나 깨지는 현상으로 아크릴은 실크에 비해 두껍지만 너무 단단하여 큰 충격을 받았을 경우 깨질 수 있다.

원인 ⓐ 아크릴 믹스쳐를 너무 얇게 올렸을 경우

ⓑ 부주의한 취급이나 물리적 충격

ⓒ 낮은 온도(여름보다는 겨울에 잘 나타남)

③ 곰팡이(Fungus)

자연 손톱과 인조 손톱 사이에 습기가 차서 곰팡이가 생기는 현상.

원인 ⓐ 리프팅 현상을 방치했을 경우

ⓑ 보수 작업 시 리프팅 부분을 충분히 제거하지 않고 그 위에 아크릴을 올려서 필 인(fill-in)하였을 때

ⓒ 아크릴을 떼어내야 할 시기에 떼어내지 않고 계속 보수 작업만 했을 때 자연 손톱에서 자생하는 수분으로 인해 발생

④ 공기 방울 (Air bubbles)

공기방울이 아크릴릭 속에 작은 구멍을 만들어 메이크업이나 생활 더러움 등에 의해 보기 싫은 검은 점을 만들고 아크릴 네일의 유지력을 떨어뜨리는 현상.

원인 ⓐ 믹스쳐를 제대로 눌러주지 않아 파우더와 리퀴드 배합이 잘 안됐을 경우

ⓑ 너무 빨리 굳는 아크릴 제품(주로 대회용)에 리퀴드를 부족하게 사용했을 경우

⑤ 노랗게 변색 (Yellowing)

시술 후 유지기간인 2~3주 전에 아크릴릭 네일의 표면이나 내부가 노랗게 변색되는 현상

원인 ⓐ 프라이머를 젖은 상태로 작업하는 경우

ⓑ 아크릴릭 네일 완성 후 UV 차단 탑코트나 탑 젤 시술을 안 한 경우

4) 아크릴릭 네일의 제거
(팁 제거 방법과 동일 p.74 사진 참조)

Step 1. 고객과 시술자의 손을 안티셉틱으로 소독

Step 2. 팔리쉬를 제거

Step 3. 자연 손톱을 제외한 여분의 팁 부분을 클리퍼로 자른 후 표면의 두께를 파일링 해놓는다.

Step 4. 고객의 손톱에 아세톤을 적신 솜을 손톱위에 얹은 다음 쿠킹호일로 감싸 주어 손톱을 불려준다.

Step 5. 불어난 아크릴을 오렌지우드 스틱 끝으로 밀어서 떼어준다. 덜 떨어진 아크릴은 다시 불렸다가 떼어내며 이 같은 방법은 자연 손톱에 손상을 줄 수 있으므로 충분히 불린 후 밀어준다.

Step 6. 완전히 제거 후 손톱의 거친 면을 샌딩으로 부드럽게 버핑 한다.

Step 7. 큐티클 오일과 마사지 크림을 이용하여 아크릴 제거의 마무리를 해 준 뒤 고객이 원할 경우 다른 시술을 해 주고 그렇지 않을 경우 네일 보강제를 발라주도록 한다.

2. 팁 아크릴 오버레이(Tip with Acryl)

1) 준비물

① 글루 드라이어, ② 안티셉틱, ③ 에나멜 리무버, ④ 브러시 클리너
⑤ 아크릴 리퀴드, ⑥ 아크릴 파우더, ⑦ 디펜디쉬, ⑧ 네일 폼, ⑨ 보호안경
⑩ 글루, ⑪ 샌딩블럭, ⑫ 안전 마스크, ⑬ 지브라 파일, ⑭ 3 way 파일
⑮ 블랙 파일, ⑯ 디스크 패드, ⑰ 아크릴 브러시, ⑱ 팁 커터, ⑲ 레귤러 팁

2) 시술 과정

Step 1. 손 소독하기
Step 2. 팔리쉬 제거하기

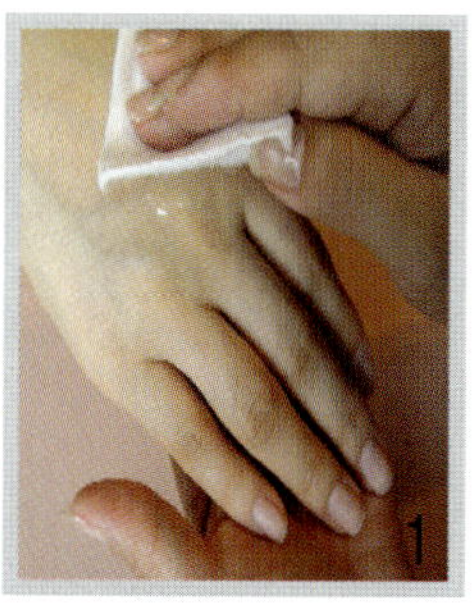

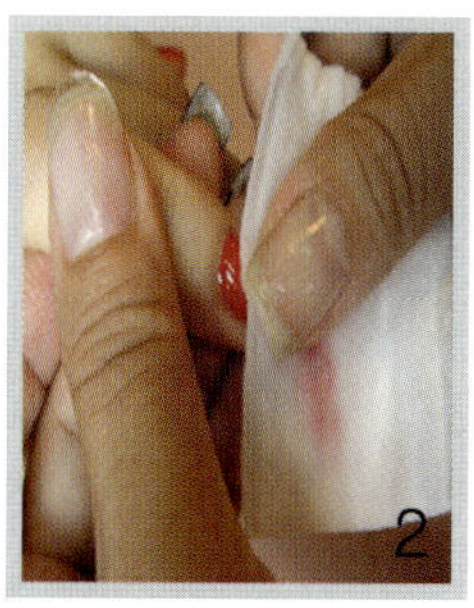

Step 3. 에칭

손톱의 길이를 정리하고 쉐입을 잡아준다.

Step 4. 프리퍼레이션(Preparation)

① 푸셔에 힘을 주지 않고 큐티클 밀어준 후 니퍼로 불필요한 루즈 스킨도 제거한다.

② 샌딩이나 지브라 파일로 손톱 표면을 에칭한다.

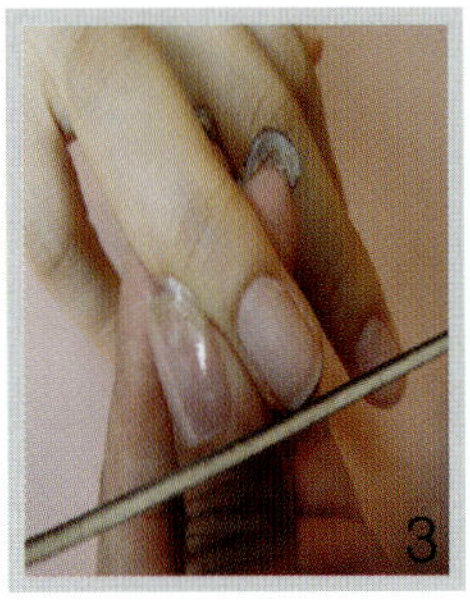

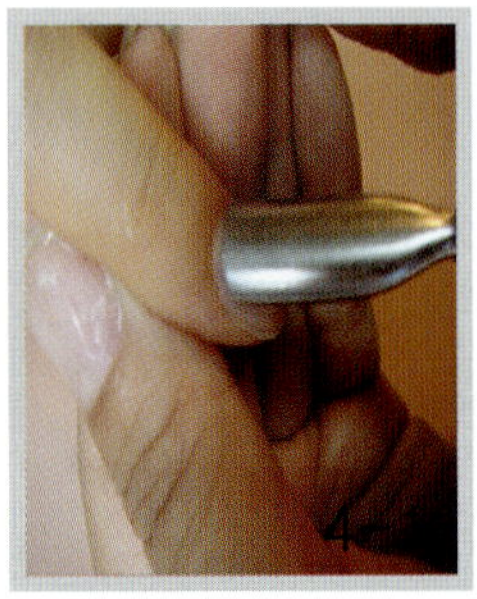

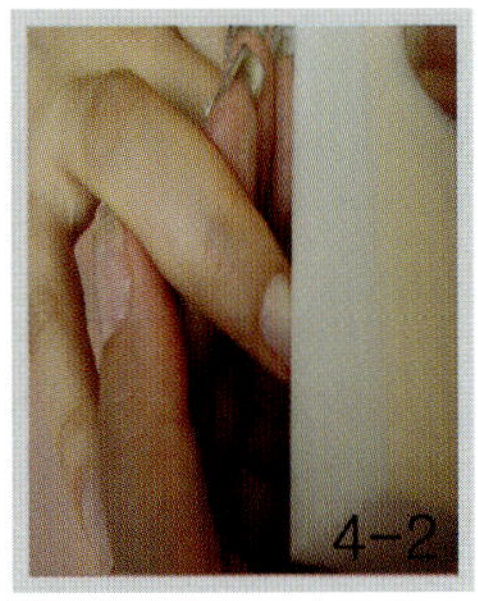

Step 5. 팁 선택 후 접착

자연네일과 맞는 사이즈의 팁을 선택한 후 글루를 사용하여 팁을 접착한다.

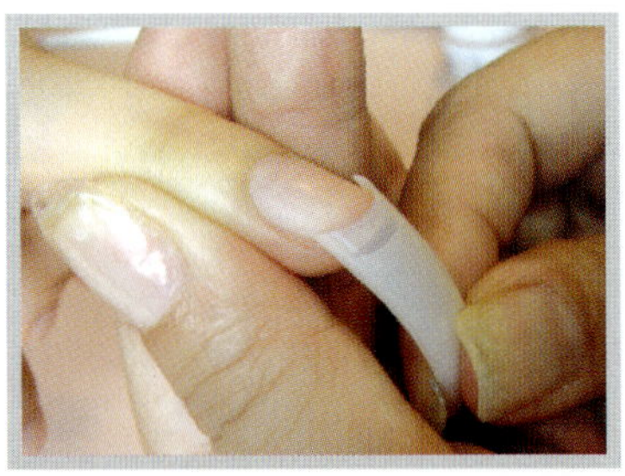

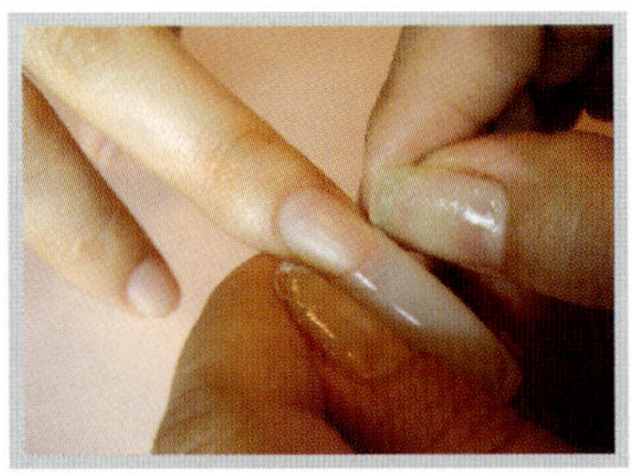

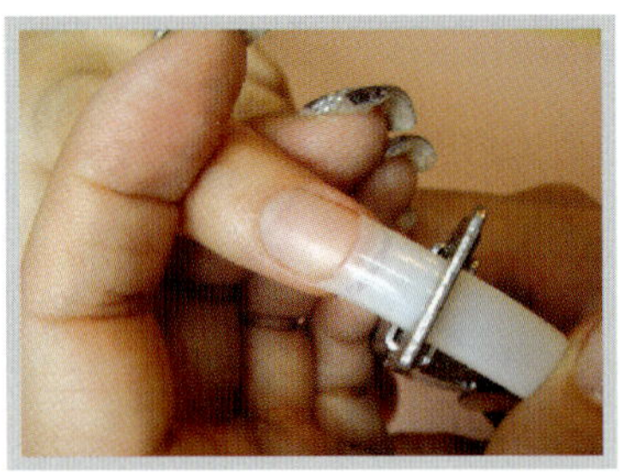

Step 6. 길이 자르고 쉐입 잡기

팁의 길이와 모양은 고객이 원하는 정도에 맞추도록 하며 약간의 여유분을 주고 자르도록 한다.

Step 7. 팁 턱 제거

팁턱을 파일을 이용하여 제거하고 팁의 양 사이드도 스트레이트 모양이 되게끔 파일링 해놓는다. 그리고 네일 브러시를 이용하여 먼지를 제거한다.

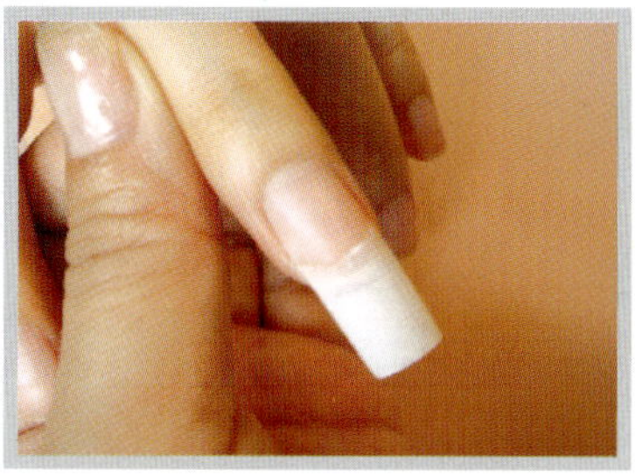
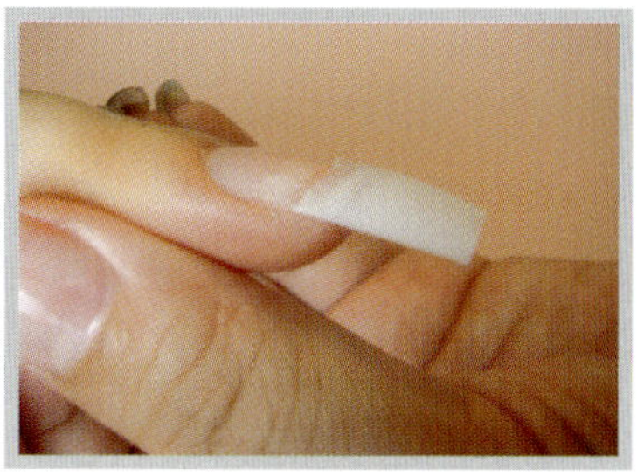
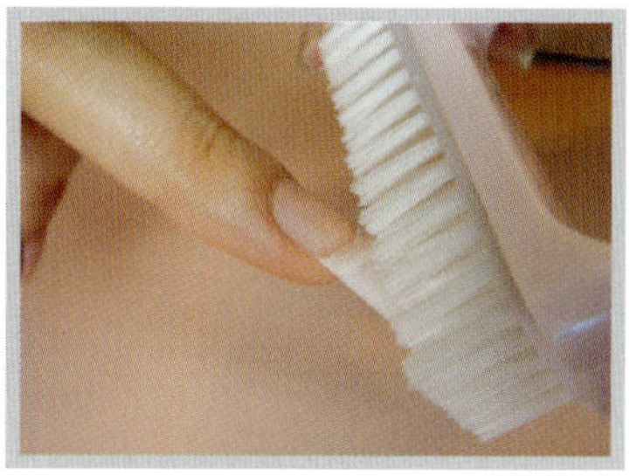

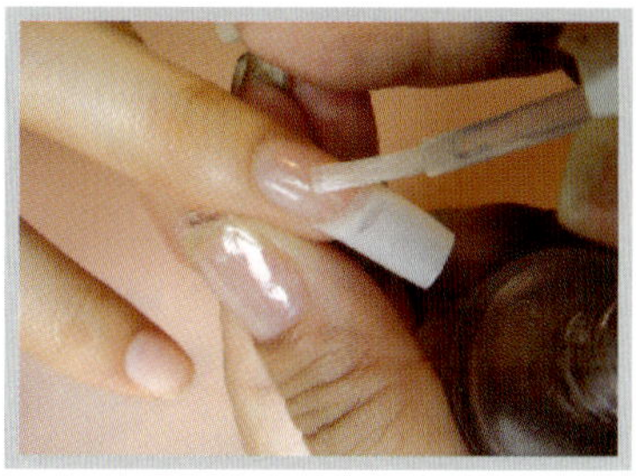

Step 8. 프라이머 바르기

피부에 묻지 않도록 주의하며 소량의 프라이머를 바른다. (프라이머를 너무 많이 바르면 아크릴이 누렇게 변색될 수 있다.)

Step 9. 아크릴릭 볼 올리기

아크릴릭 브러시에 적당량의 리퀴드를 묻혀 아크릴릭 파우더에 넣고 볼을 만들어 준다. 잘 반죽된 아크릴릭 볼은 브러시 끝에 진주 형태의 투명하고 둥근 모양을 띠며 흘러내리거나 쉽게 떨어지지 않는다.

(손톱의 길이에 따라 2~3스텝으로 아크릴릭 볼을 올려준다. 브러시 끝의 아크릴릭 볼이 흘러내리는 것은 리퀴드의 양이 너무 많기 때문이고 볼이 잘 뭉치지 않은 것은 리퀴드의 양이 너무 작기 때문이다.)

적당한 아크릴믹스쳐 농도

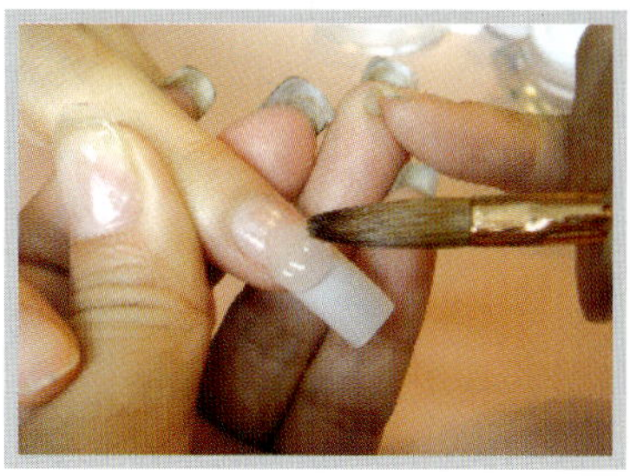

믹스쳐 올리기

Step 10. 아크릴릭 볼 전체 네일 채우기

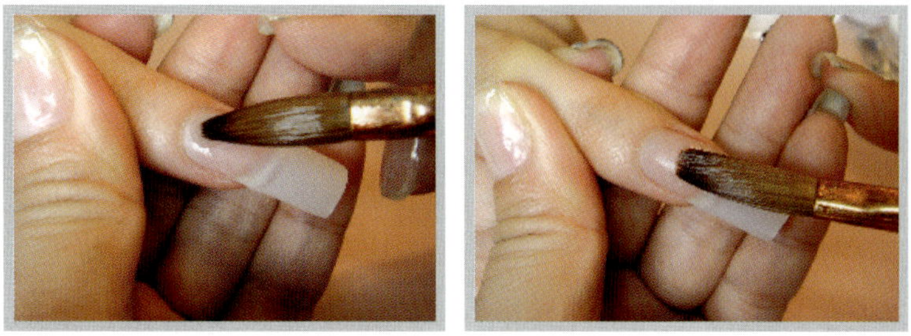

Step 11. 아크릴 네일 경화정도 체크하기

완전히 마른 아크릴은 브러시의 손잡이 부분으로 두드려봤을때 경쾌한 소리가 난다. 경쾌하고 맑은 소리가 나면 다 마른 것이다.

Step 12. 파일링

아크릴 네일은 강도가 있으므로 제일 처음 강한 파일인 100G 정도로 파일링 후 150G → 180G 순서로 파일링 하여 표면을 매끄럽게 한다.

Tip!

파일링 순서(스퀘어 쉐입의 경우)

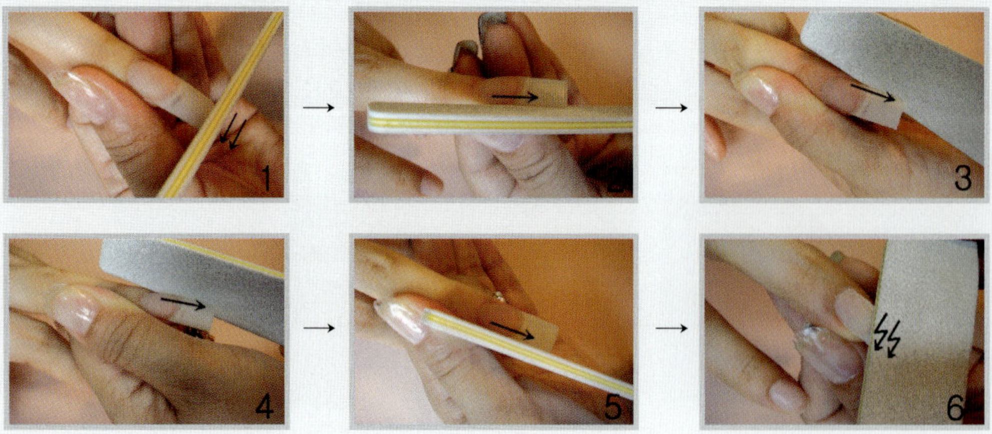

Step 13. 샌딩하기

샌딩으로 표면버핑을 하여 아크릴 표면의 스크래치를 최대한 없앤다.

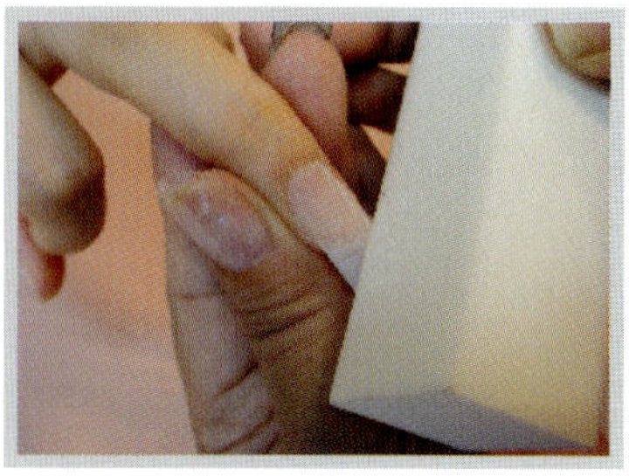

Step 14. 샤이니 버핑 하기

오일을 바르고 샤이니 버퍼로 광택을 낸다.

Step 15. UV 탑코트 바르기

자외선 차단 탑코트를 발라 아크릴 네일에서 생길 수 있는 옐로잉(yellowing) 현상을 방지한다.

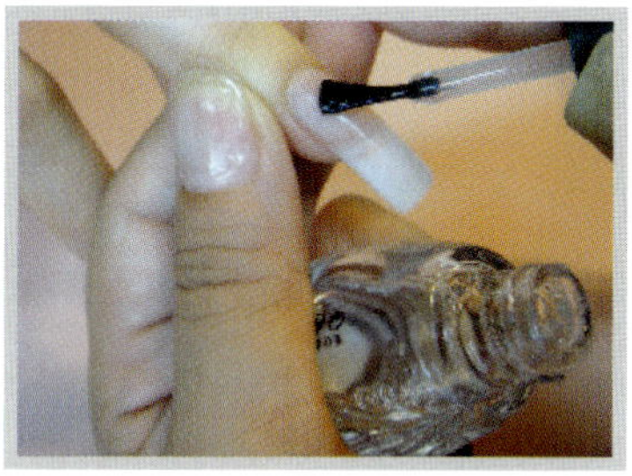

Step 16. 완성

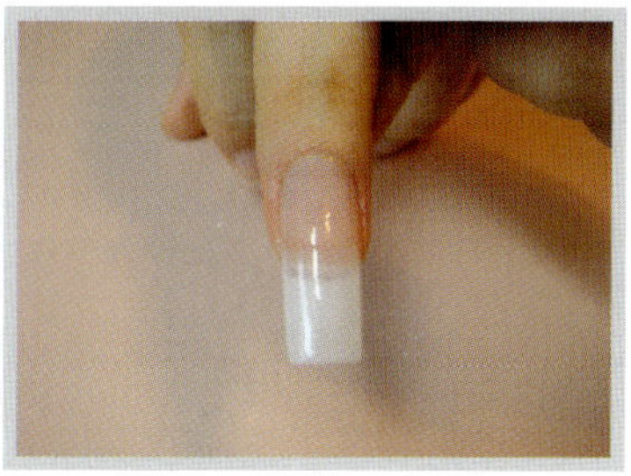

Tip!

① 브러시에 브러시클리너 용액이 제거되지 않은 채 파우더 볼을 올리게 되면 아크릴 믹스쳐가 잘 건조되지 않으므로 브러시 클리너 사용 후에는 페이퍼 타월에 깨끗이 닦아 사용한다.

② 기온이 낮거나 습도가 높은 날은 아크릴 믹스쳐가 건조되는 속도가 느리다.

③ 브러시에 너무 많은 아크릴 파우더가 묻은 채로 계속 사용하다 보면 브러시에 붙은 아크릴이 굳게 되어 잘 녹지 않으므로, 시술 중간에 브러시클리너를 적정하게 사용해주면서 잘 제거해준다. 아크릴 시술이 익숙해지면 아크릴 리퀴드 사용만으로도 제거 가능하다.

3. 아크릴릭 원톤 스캅춰 네일 (Acrylic One-tone Sculpture nail)

인조 팁을 사용하지 않고 네일 폼(Nail form)을 사용하여 손톱의 길이를 연장해주는 방법을 '스캅춰 네일(Sculpture nails)' 이라고 한다. 팁의 C-커브는 기성제품으로서 개인에 따라 손톱의 크기와 커브가 맞지 않는 경우가 있는데 반해, 스캅춰 네일은 각 개인의 손톱 형태에 맞춘 시술이 가능한 방법이라 할 수 있다. 여기에는 내추럴한 단일 색상만을 사용한 원톤 스캅춰(One-tone Sculpture)와 흰색과 핑크 또는 내추럴 컬러를 이용한 프렌치 오버 룩(French over look)의 방법 등이 있다.

1) 사전 준비

위생 처리 절차를 하고 미용 테이블에 팁 접착에 필요한 제품을 준비한다.

2) 시술 과정

Step 1. 손 소독하기

Step 2. 팔리쉬 제거하기

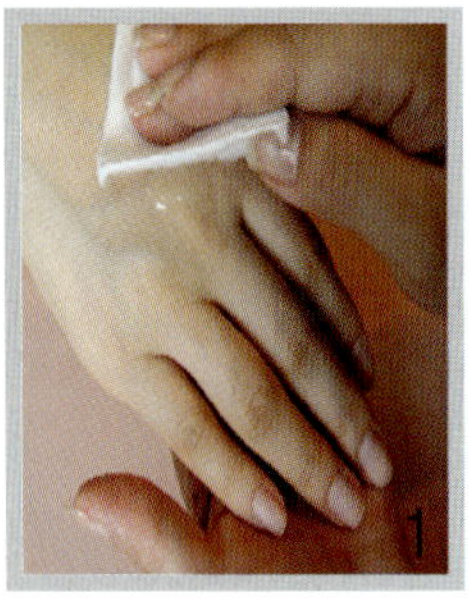
1

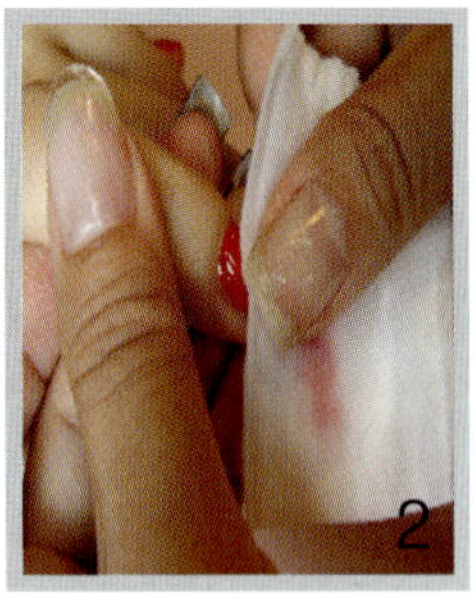
2

Step 3. 쉐입 잡기

Step 4. 프리퍼레이션(Preparation) : 루즈스킨 제거 및 에칭과정 (유분기 제거)

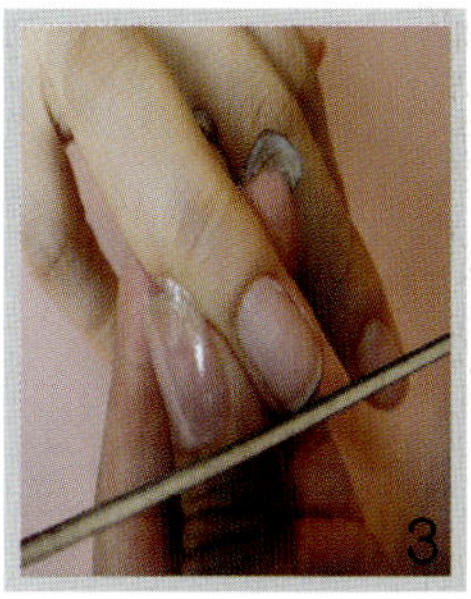

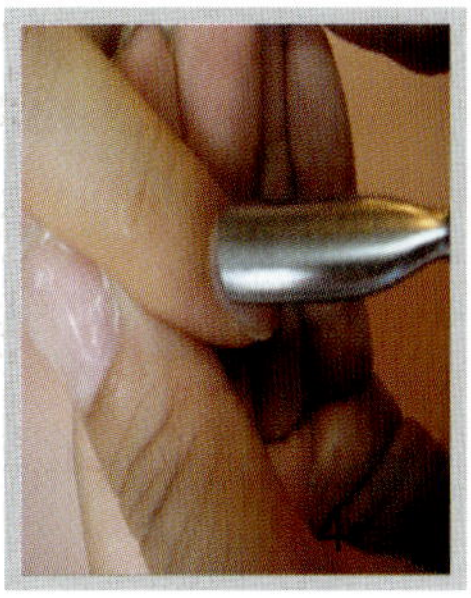

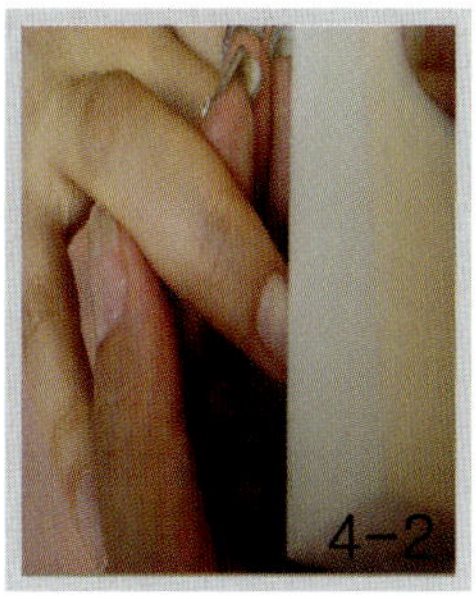

Step 5. 프라이머 바르기

피부에 닿지 않도록 소량의 프라이머를 바른다.

Step 6. 네일 폼 끼우기

네일폼을 자연네일의 프리엣지 모양에 맞춘 후 손톱 밑에 밀착되도록 끼운다.

(이때 폼이 너무 처지지 않도록 하고 폼과 자연 네일 사이가 뜨지 않도록 필요시엔 폼을 재단하도록 한다.)

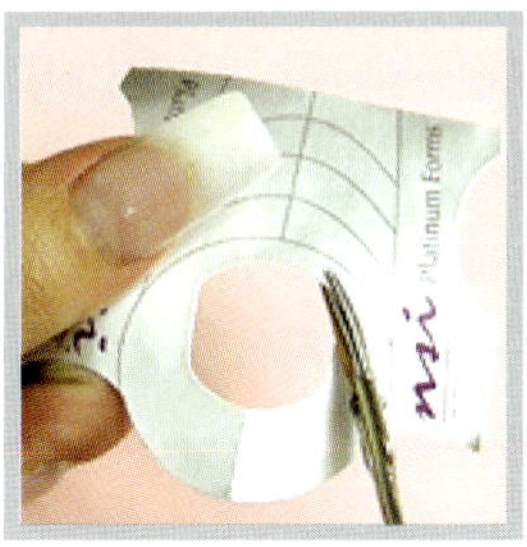

폼 자르기

폼 끼우기

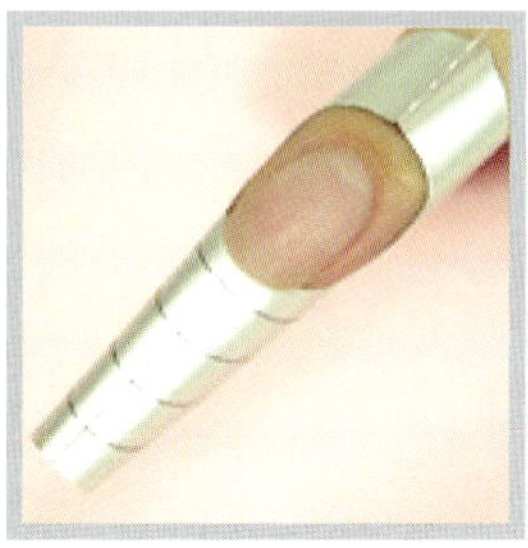

완성된 폼

Step 7. 아크릴릭 파우더 및 리퀴드 준비하기

아크릴릭 파우더와 리퀴드, 브러시 크리너를 준비하고 종이 타월을 준비한다.

Step 8. 아크릴 믹스쳐 만들기

버블이 생기지 않도록 파우더와 리퀴드를 잘 조절하여 컨트롤하기 쉬운 믹스쳐를 만든다.

리퀴드 적시기

볼뜨기

완성된 믹스쳐

Step 9. 믹스쳐 올리기

믹스쳐를 후리엣지 부근부터 올린다 .

Step 10. 브러시로 믹스쳐의 형태를 만든다.

브러시를 손톱과 평행으로 눕혀서 브러시의 평평하고 넓은 부분(Belly)을 사용하여 믹스쳐를 얇게 펴준다.

Step 11. 핀칭(Pinching) : C 커브 만들기

스마일 라인 옆 부분을 양 손 엄지를 이용하여 눌러준다. 너무 마른 후에는 잘 되지 않고 너무 마르지 않을 상태에서는 아크릴이 밀리거나 리프팅의 원인이 되므로 주의한다.

Step 12. 폼 떼어 내기 & 화일링

아크릴이 마르지 않으면 틀이 망가질 수 있으므로 다 마른 것을 확인하고 폼을 떼어 낸다. 손톱의 표면(두께)과 손톱의 프리엣지의 형태, 길이, 사이드 스트레이트를 맞추며 파일링 한다.

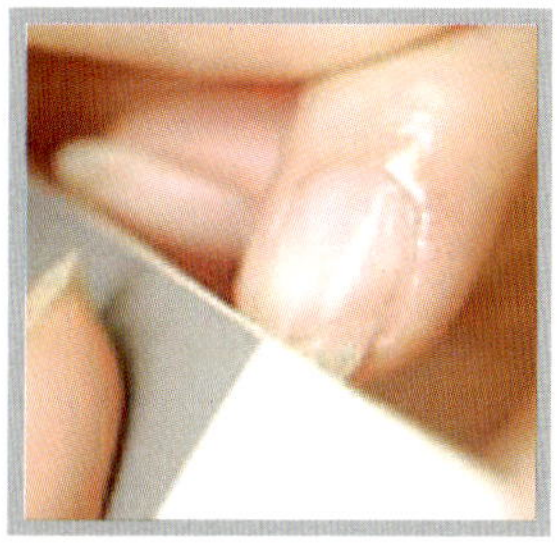

Step 13. 마무리

오일을 바르고 샤이니 버퍼로 광택을 낸다.

Step 14. 완성

4. 아크릴릭 프렌치 오버 룩 (Acrylic French over look)

1) 사전 준비

위생 처리 절차를 하고 미용 테이블에 팁 접착에 필요한 제품을 준비한다.

2) 시술 과정

Step 1. 손 소독하기

Step 2. 팔리쉬 제거하기

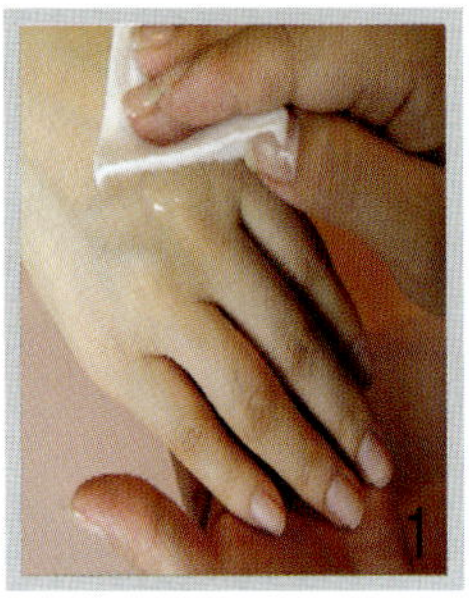

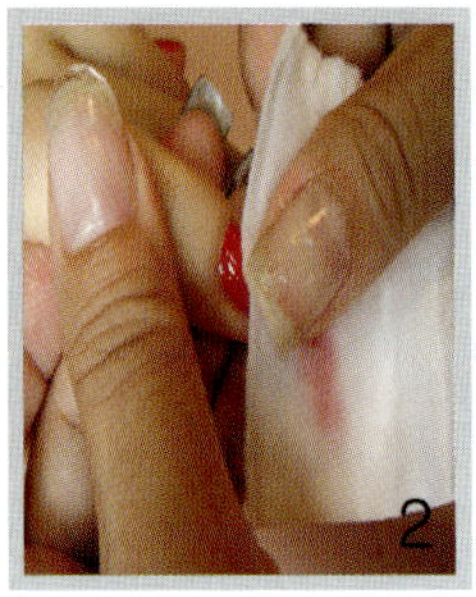

Step 3. 쉐입 잡기

Step 4. 프리퍼레이션(Preparation)

: 루즈스킨 제거 및 에칭과정 (유분기제거)

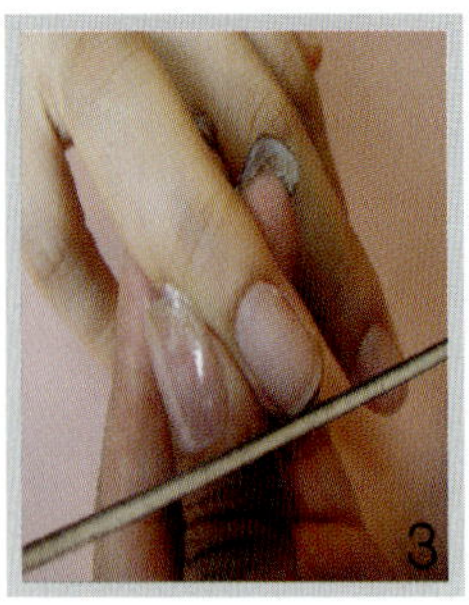

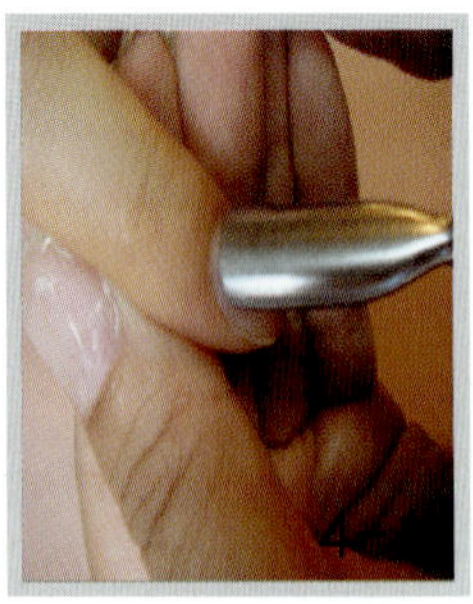

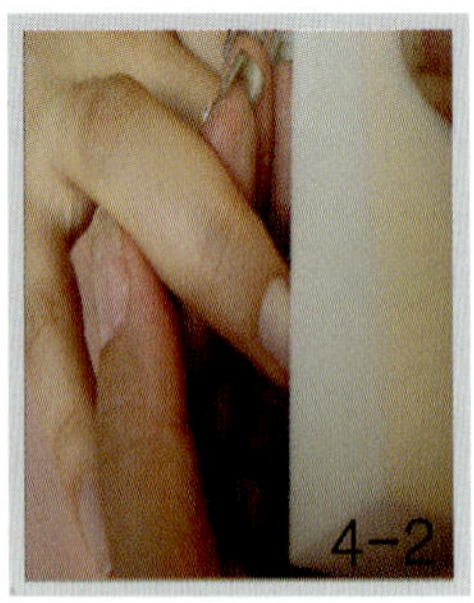

Step 5. 프라이머 바르기

피부에 닿지 않도록 소량의 프라이머를 바른다.

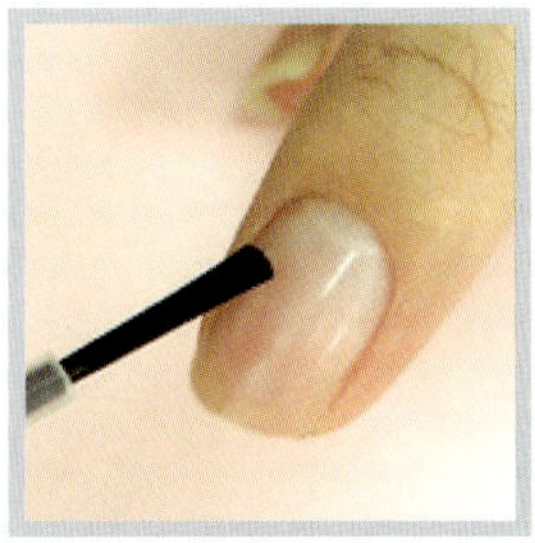

Step 6. 네일 폼 끼우기

프렌치 라인을 깔끔하게 하기 위해 자연네일의 길이가 1mm 이상 되지 않게 정리하고 폼의 라운드 부분과 손톱의 프리엣지 라인사이에 틈이 생기지 않도록 가위로 조절한 뒤 폼을 끼운다.

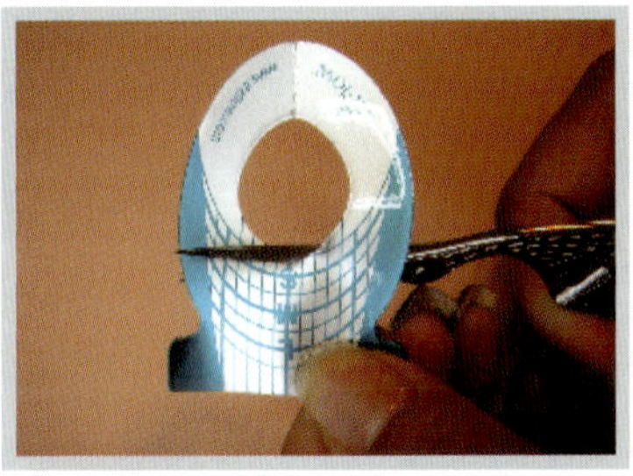

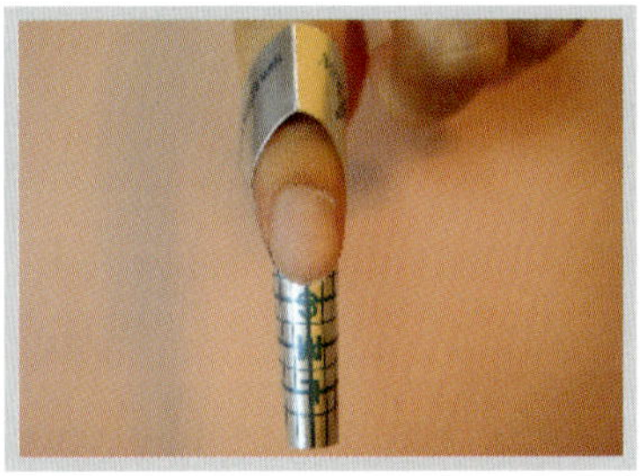

Step 7. 아크릴릭 파우더 및 리퀴드 준비하기

Step 8. 프리엣지 부분에 화이트 볼 올리기

프리엣지 부분에 화이트 파우더 볼을 올려놓고, 브러시 면(Belly)을 이용하여 볼을 살며시 누른 다음 붓 끝을 세워 스마일 라인을 잡아준다.

Step 9. 스마일 라인 완성하기

작고 매트한 볼로 양쪽 사이드의 라인을 깔끔하게 정리한다. 손톱의 형태에 따라 스마일 라인을 약간 깊게 또는 완만하게 조절한다.

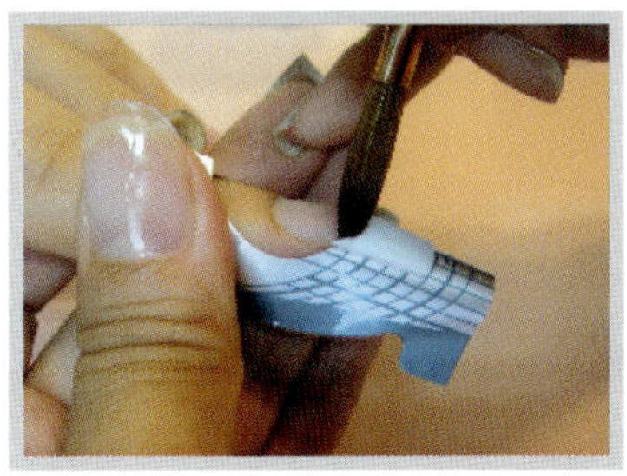

Step 10. 중간 부분에 파우더 올리기

클리어 또는 핑크파우더로 묽고 작은 볼을 만들어 스마일 라인을 덮어준다.

Step 11. 네일 베드에 파우더 올리기

클리어 또는 핑크파우더 볼을 손톱의 중앙부에 도톰하게 올려준 뒤 파우더 볼을 묽고 작게 만들어 반월 부위에 놓고 얇게 펴서 중간 부분의 아크릴과 연결시킨다.

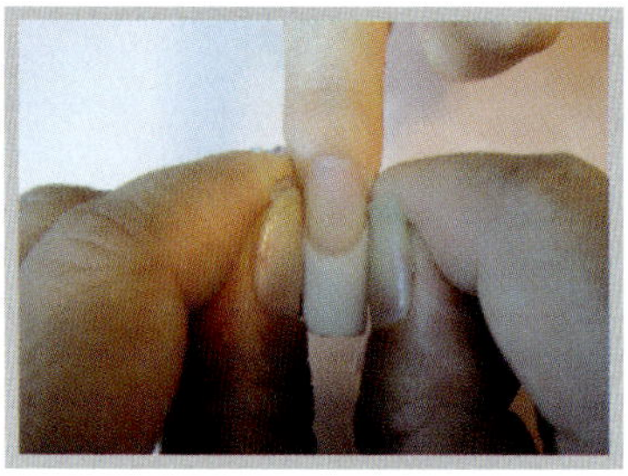

Step 12. 핀칭(Pinching) : C 커브 만들기

Step 13. 파일링

스마일 라인이 상하지 않도록 하며 전체적인 밸런스를 맞추어 파일링 한다.

Step 14. 표면 정리하기

버핑으로 표면에 잔 흠집이 남지 않도록 매끄럽게 정리한다.

Step 15. 마무리

아크릴릭 실러(UV 탑코트)를 발라주어 마무리 한다.

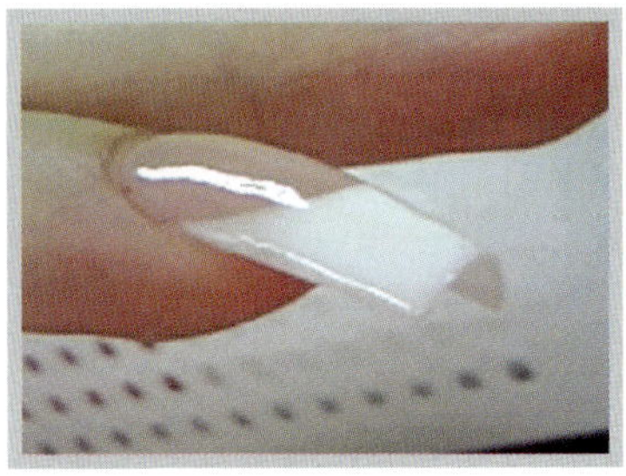

Step 16. 완성

Nail Art

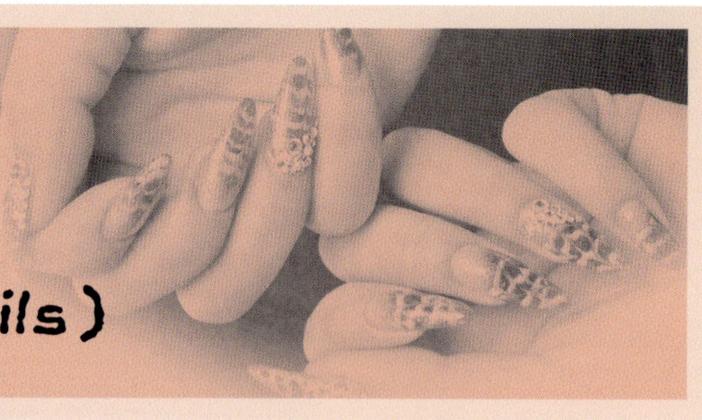

Chapter 06 젤 네일(Gel Nails)

젤은 글루와 같은 성분이 있으며 강도가 조금 강한 접착제이다. 또한 아크릴릭 소재와 화학적으로 비슷한 밀도를 갖는 물질이지만 젤은 별도의 카타리스트(Catalyst)인 응고제가 필요하다. 젤은 농도에 따라 묽기가 약간씩 다르다. 글루처럼 묽은(light) 것도 있고 된(thick)것도 있다.

젤을 굳게 하는 방법에는 두 가지가 있는데 라이트 큐어드 젤(light cured gel)과 노라이트 젤(Nolight gel)이 있다. 특수 광선이나 할로겐램프의 빛을 사용하여 굳게 하는 것이 라이트 큐어드 젤이다. 노라이트 젤은 광선이나 빛을 사용하지 않고 응고제를 스프레이(글루 드라이어와 엑티베이터) 또는 붓으로 바르거나 담가줌으로써 굳어지는 것이다. 손톱의 상태와 길이에 따라 두께를 조절한다.

1. 라이트 큐어드 젤(Light cured gel)

1) 준비물

① 큐어링 라이트, ② 오일, ③ 젤 클렌저, ④ 안티셉틱, ⑤ 라이트 큐어드 젤
⑥ 젤 브러시, ⑦ 지브라 파일, ⑧ 3way 파일, ⑨ 푸셔, ⑩ 니퍼, ⑪ 화장솜

2) 사전 준비

① 사전 위생 처리 절차 완료.
② 라이트 큐어드 미용에 필요한 물품 추가.
③ 고객이 도착하면 손을 비눗물에 세척한다.
④ 고객 미용카드 확인 및 작성

3) 시술과정

Step 1. 손 소독하기
시술자의 손을 소독한 후 고객의 손을 소독한다.
Step 2. 팔리쉬 지우기
Step 3. 쉐입 잡기
Step 4. 프리퍼레이션 (유분기제거)
: 루즈스킨 제거 및 에칭과정 (유분기제거)

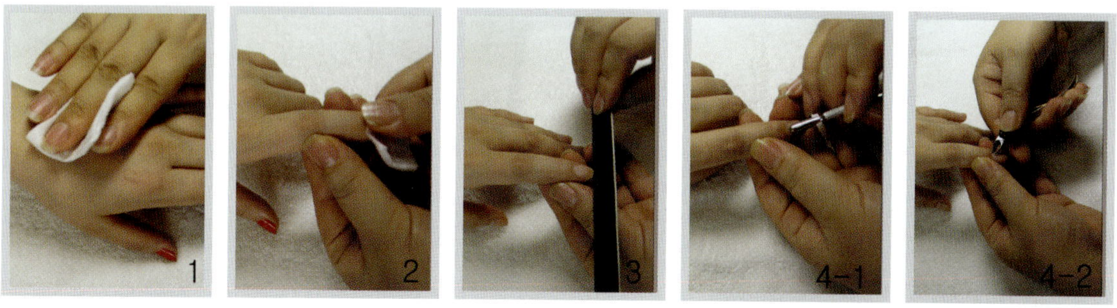

Step 5. 젤프렙을 이용하여 손톱의 잔여물 제거하기
페이퍼 타올이나 젤와이프(Wipe)를 이용하여 손톱에 남아 있는 먼지나 유분기를 제거한다.

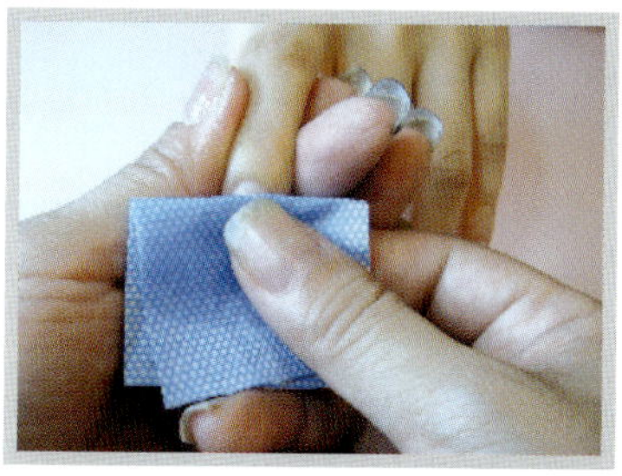

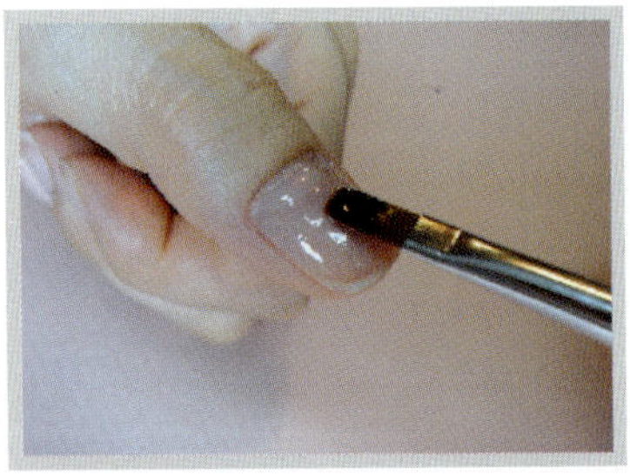

Step 6. 베이스 젤 코팅하기(Gel Base)

자연네일의 경우 바로 젤을 바르고(팁을 붙이는 경우에는 팁을 부착하고 턱을 제거한 뒤 Nail prep로 네일 표면을 깨끗이 닦아 준 후 시술) 네일 또는 팁의 표면에 팔리쉬 바르는 방법과 동일하게 얇고 고르게 베이스를 바른다.

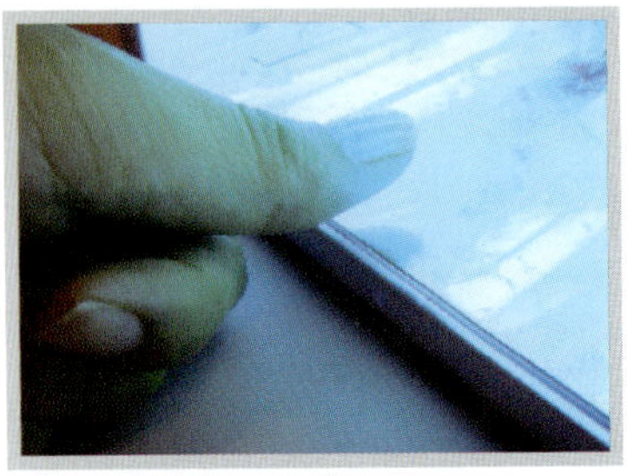

Step 7. 젤 큐어링(Gel curing)

젤 램프에 2분정도 큐어링한다.

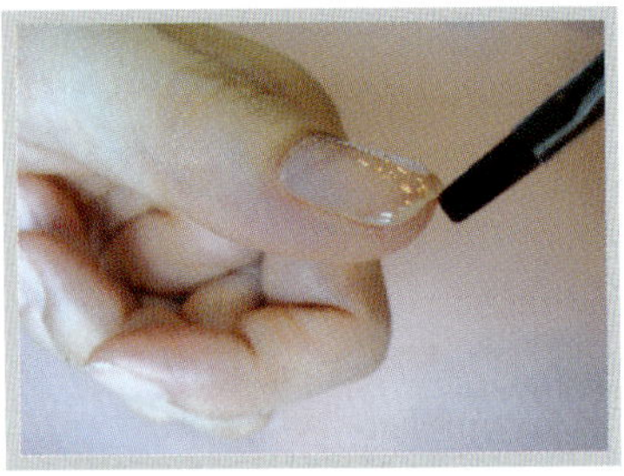

Step 8. 두께 만들기

클리어 젤을 네일 베드에 다시 올린 후 약 2분간 큐어링한다. 이때 클리어젤은 후리엣지의 끝부분의 코팅까지 완벽하게 한다. 그렇지 않으면 후리엣지 끝부분에서 리프팅의 원인이 된다.

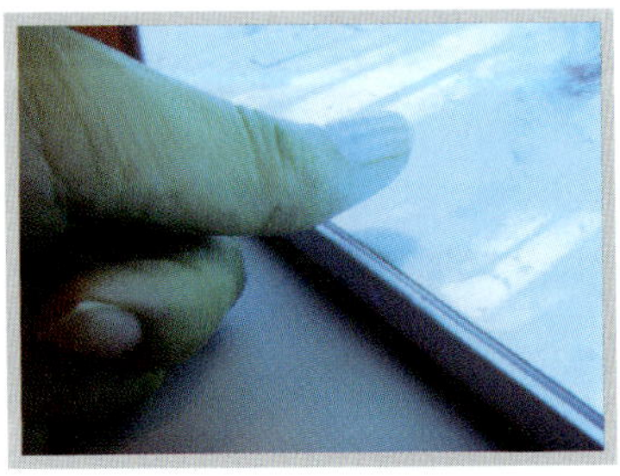

Step 9. 젤 큐어링(Gel curing)

2분 정도 큐어링 한다.

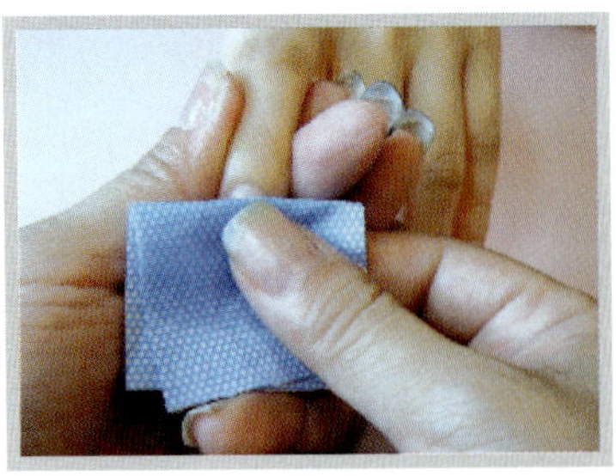

Step 10. 젤의 분산막 닦기

네일 클렌저로 남아있는 미경화 젤을 닦아낸다.

Step 11. 탑 젤 바르기

탑 젤을 전체적으로 골고루 바르고 2분간 큐어링 해준다.

Step 12. Cleanser

깨끗한 솜으로 젤 클렌저를 묻혀 닦아준다. 가능하면 솜을 이용하여 닦아주는 것이 젤의 최대 유효 광택을 살려줄 수 있다.

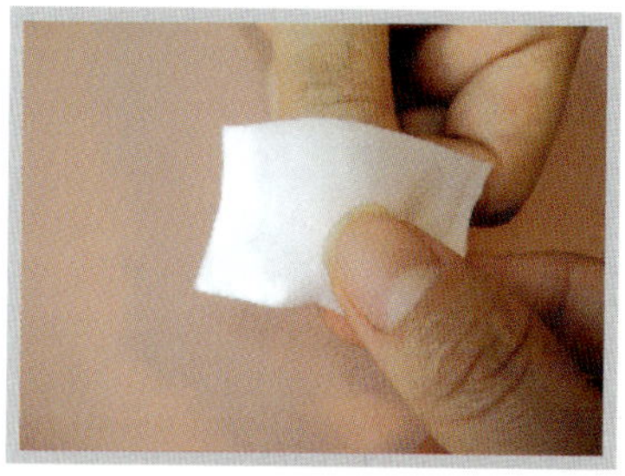

Step 13. 마무리

오일로 마무리 해준다.

2. 젤 스캅춰(Gel Sculpture)

1) 준비물

① 큐어링 라이트, ② 오일, ③ 젤 클린저, ④ 안티셉틱, ⑤ 라이트 큐어드 젤
⑥ 젤 브러시, ⑦ 지브라 파일, ⑧ 3way 파일, ⑨ 푸셔, ⑩ 니퍼, ⑪ 화장솜
⑫ 네일폼

2) 시술과정

Step 1. 손 소독하기

Step 2. 프리퍼레이션 (유분기제거)

: 루즈스킨 제거 및 에칭과정 (유분기제거)

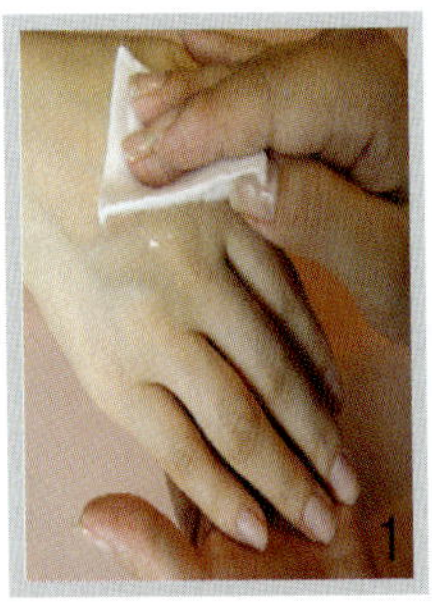

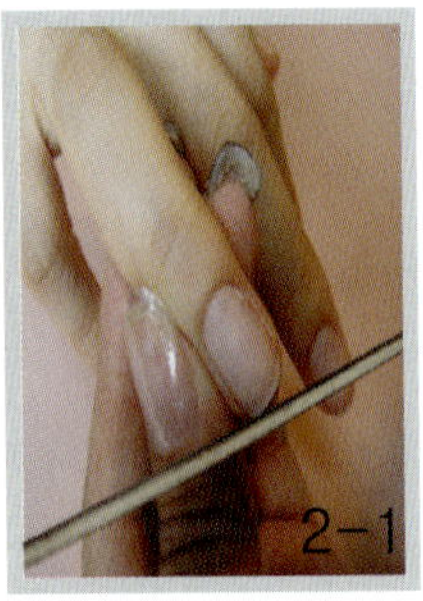

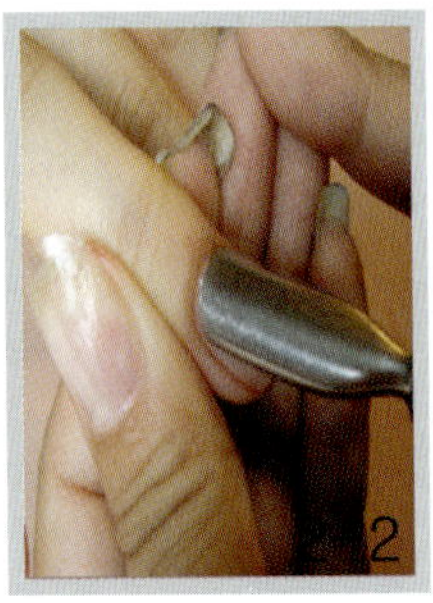

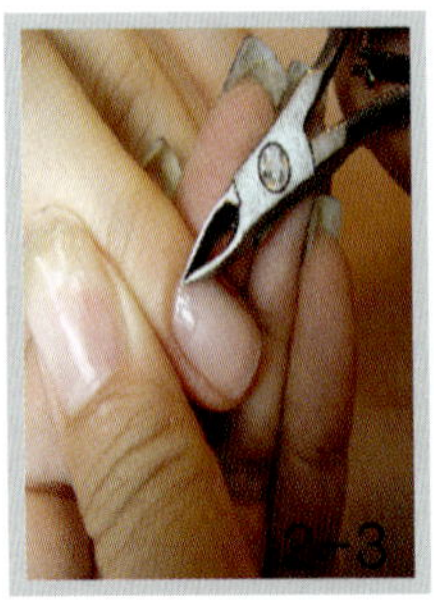

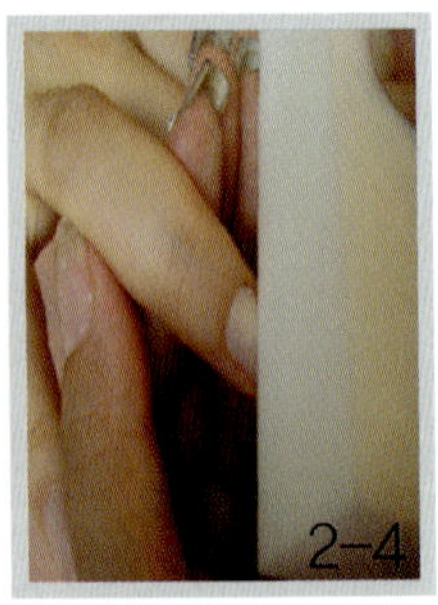

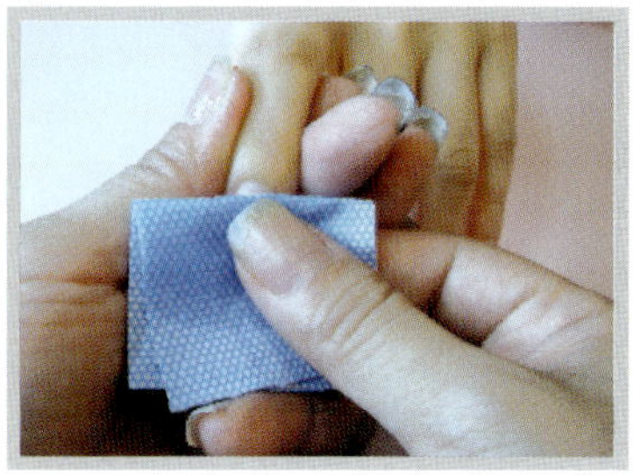

Step 3. 젤프렙을 이용하여 손톱의 잔여물 제거하기

페이퍼타올이나 젤와이프(Wipe)를 이용하여 손톱에 남아있는 먼지나 유분기를 제거한다.

Step 4. 폼 끼우기

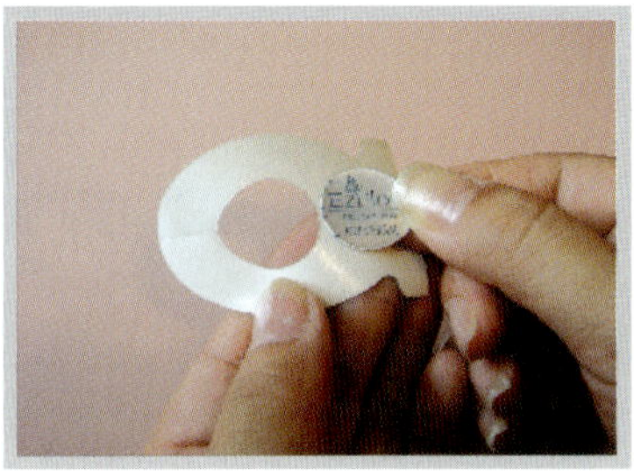

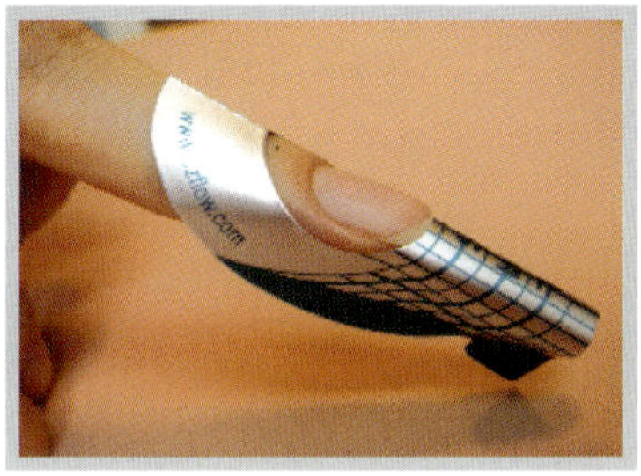

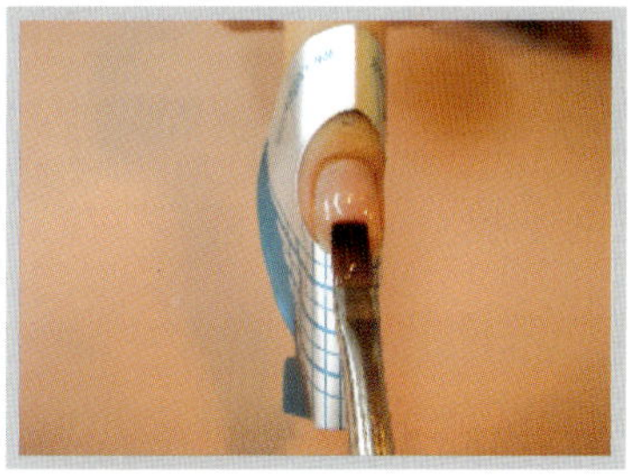

Step 5. 베이스 젤 코팅하기(Gel Bonder)

네일 표면에 팔리쉬 바르는 방법과 동일하게 얇고 고르게 베이스젤을 바른다. 너무 두껍게 바르면 리프팅의 원인이 되거나 뜨거움을 느낄 수 있으므로 주의한다.

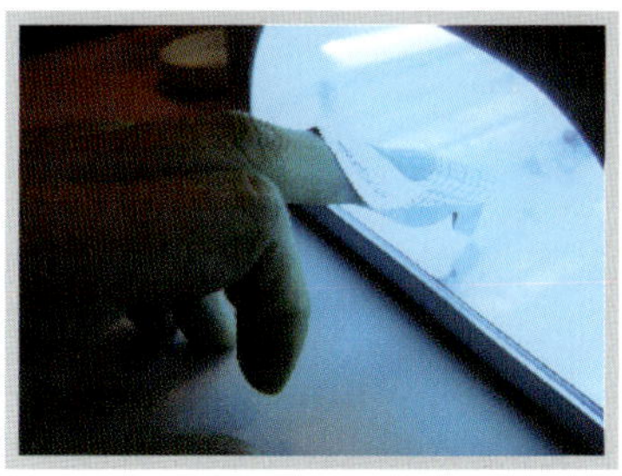

Step 6. 젤 큐어링(Gel curing)

2분간 큐어링 한다.

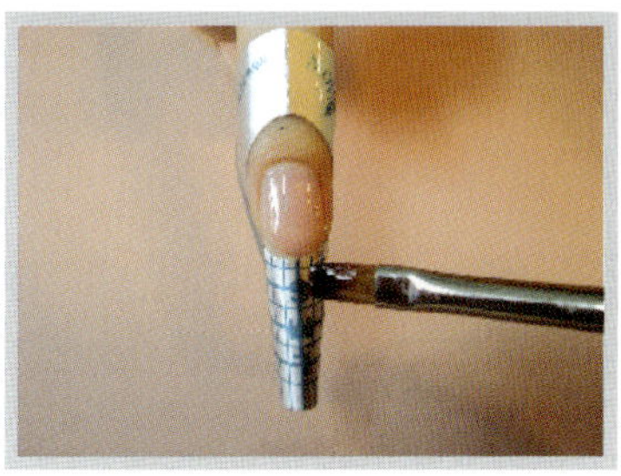

Step 7. 후리엣지 만들기

빌더젤을 후리엣지라인에 맞춰 올리고 베드부분까지 올리면서 전체 쉐입을 잡는다. 브러시를 너무 많이 움직이면 버블이 생길 수 있으므로 주의한다.

Step 8. 큐어링(Curing)

2분 정도 큐어링 해준다.

Step 9. 핀칭 (Pinching)

핀칭을 하여 C-커브를 만들어 준다. 젤은 표면에 끈적임이 있으므로 폼 종이를 이용하여 C-커브를 만들어 준다.

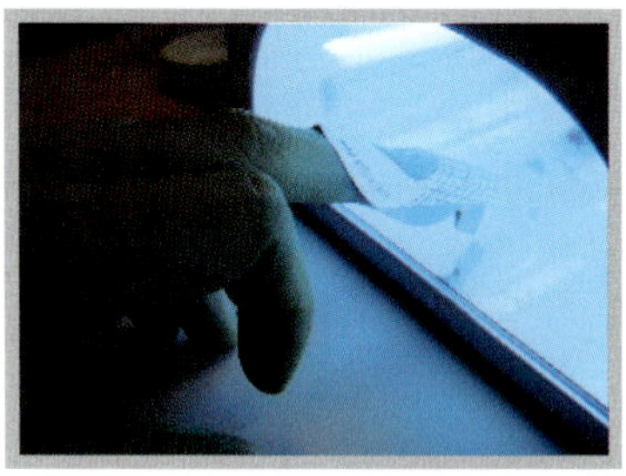

Step 10. 큐어링(Curing)

2분정도 큐어링 해 준다.

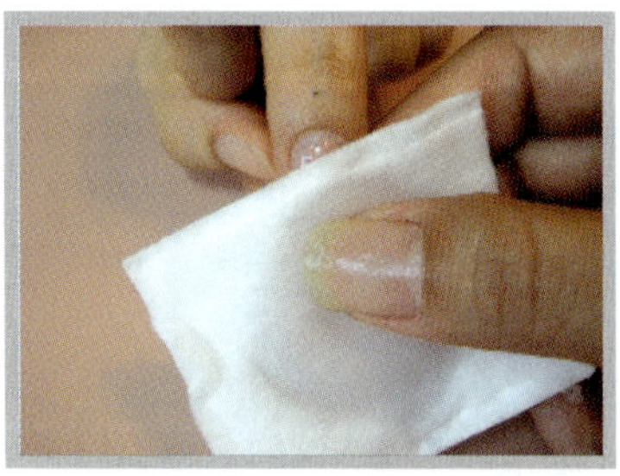

Step 11. 젤 분산막 제거

젤클렌저를 이용하여 젤의 끈적임을 닦아낸다.

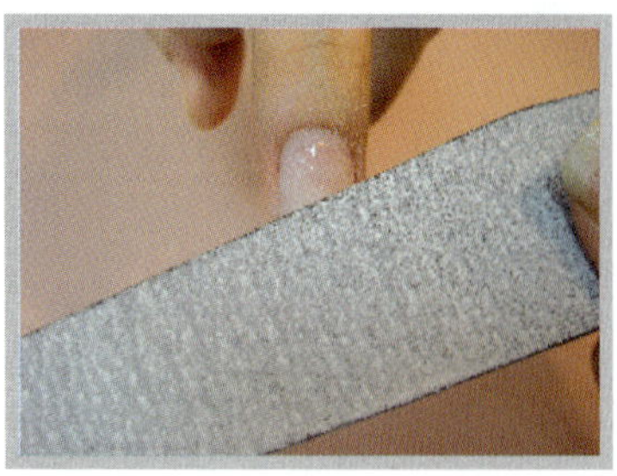

Step 12. 파일링

젤 네일은 가급적이면 파일링을 하지 않는 편이 좋다. 표면 광택에 영향을 줄 수 있기 때문이다. 파일링을 해야 할 경우는 150Grit 정도의 파일을 쓰는 것이 좋다.

Step 13. 탑젤 바르기

탑젤을 전체적으로 바른 뒤 2분간 큐어링 한다

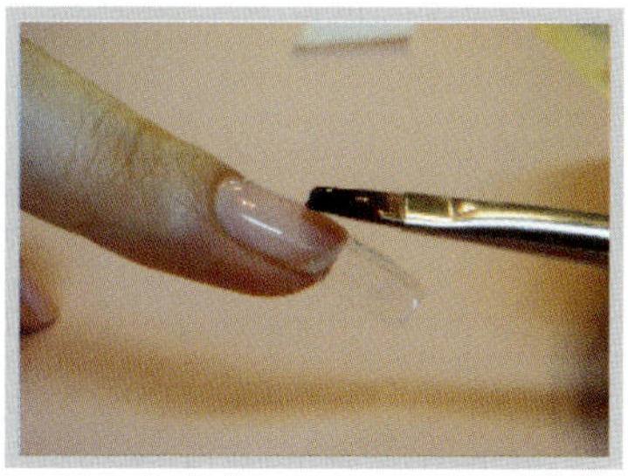

Step 14. Cleanser & 마무리

깨끗한 wiper에 클렌저를 묻혀 닦아준 뒤 오일로 마무리 해준다.

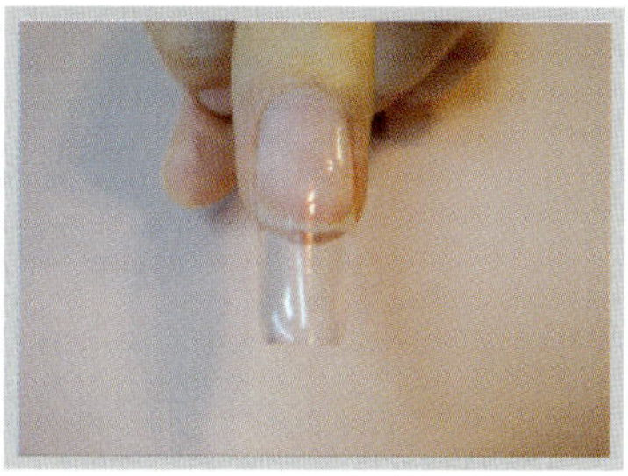

Chapter 07

제모 (Waxing)

제모는 왁스를 녹여 신체에 불필요한 털을 제거하는 것으로 주로 외관상 노출된 부위의 털을 제거하고자 할 때 행한다. 제모의 방법에는 여러 가지가 있으나 통상적으로 왁스를 이용한 방법을 왁싱이라고 한다. 통증이 있는 것을 제외하면 시술이 쉽고, 비교적 넓은 범위의 털까지 제거 가능하다.

왁싱은 털의 모근까지 제거되기 때문에 털이 다시 자라나기 까지는 2~4주 정도가 소요되므로 한 달에 1번~2번 정도 해 주면 된다.

■ 왁싱을 금하는 경우

당뇨병 · 간질 환자, 생리 전 · 후 민감한 상태

피부 질환이 있는 피부, 정맥류 등 혈관 이상이 있는 경우

일광으로 화상을 입었거나 붉게 달아오른 피부, 알레르기성 피부 등

1. 팔의 제모

1) 준비물

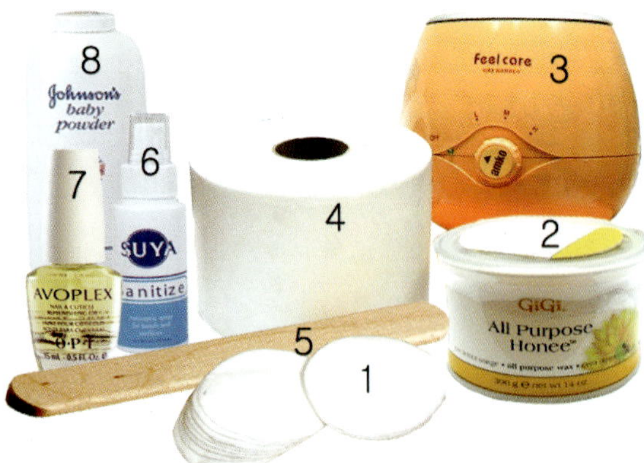

① 크린싱 패드 또는 솜, ② 허니 왁스(Honey Wax)
③ 왁스를 데우기 위한 가열 기구(Wax Warmer)
④ 무슬린 천(광목 Muslin), ⑤ 스파튤라(Spatula)
⑥ 안티셉틱(Antiseptic), ⑦ 오일(Oil), ⑧ 파우더(Powder)

2) 사전준비

왁스는 20분 전에 예열시켜 일정한 온도를 유지하도록 한다.

3) 시술과정

Step 1. 시술 부위소독

시술자의 손을 안티셉틱으로 소독한 한 뒤 고객의 시술 부위를 소독한다. (털이 나 있는 방향으로 소독하여 모의 결을 정리해준다)

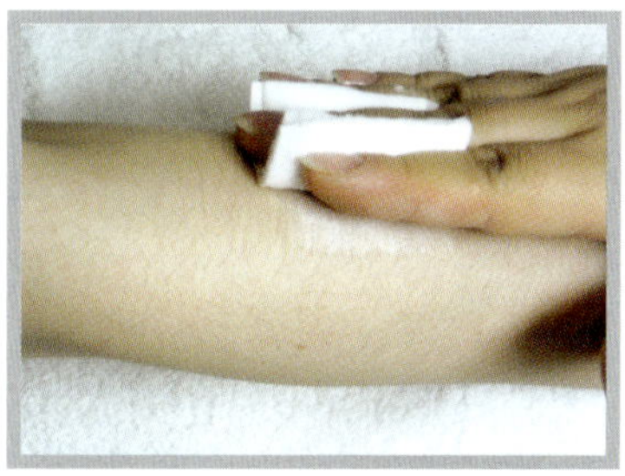

Step 2. 파우더 바르기

왁싱 할 부위에 파우더를 발라 남아 있는 유분과 수분을 제거해준다.

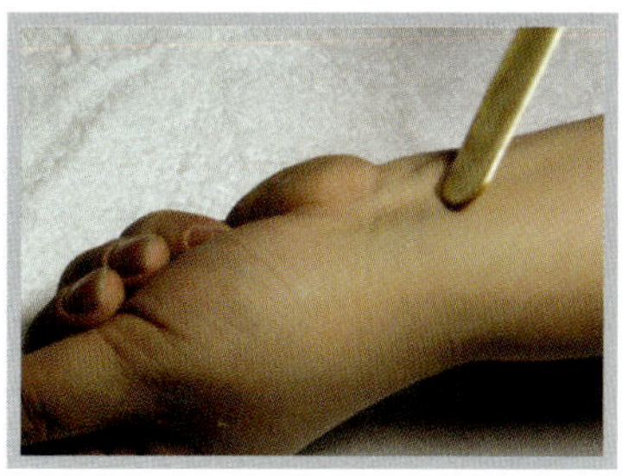

Step 3. 온도 테스트

스파튤라에 허니 왁스를 적당량 묻힌 뒤 한쪽 면을 훑어내고 살짝 식힌 후 시술자의 손목 안쪽에 온도 테스트를 한다.

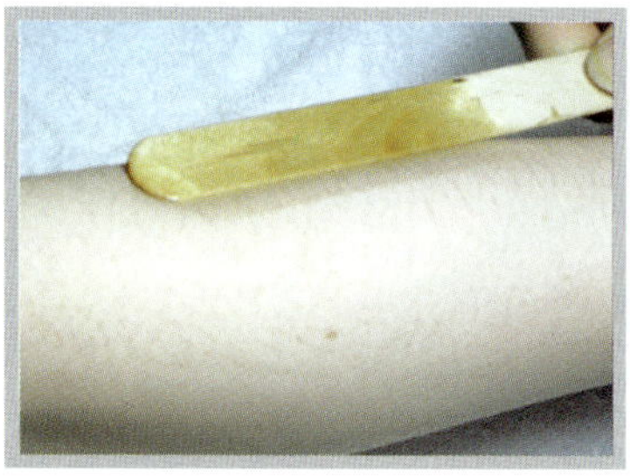

Step 5. 왁스 도포하기

스파튤라를 45° 각도로 기울여 털의 방향대로 얇게 펴 바른다.

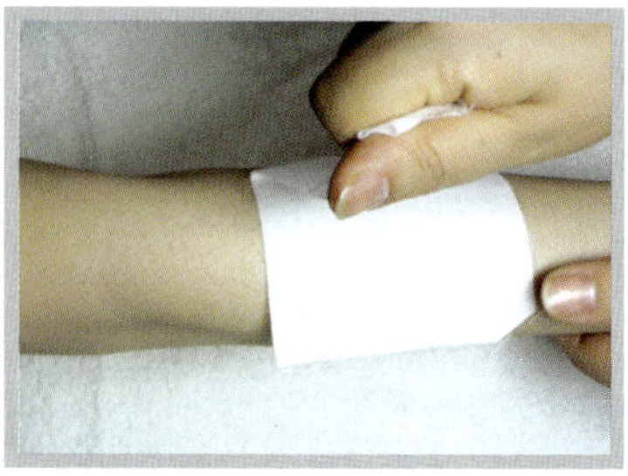

Step 6. 천 떼어내기

25cm정도 크기로 자른 무슬린을, 떼어낼 때 잡을 수 있을 만큼 충분히 남겨놓고 허니 왁스가 발라진 위에 펴준 뒤 지긋이 눌러준다. 약간 마른 후 한 손으로 피부를 팽팽하게 잡아 당겨주고 다른 한손으로 천을 잡고 털이 자라는 반대방향으로 한 번에 떼어 준다.

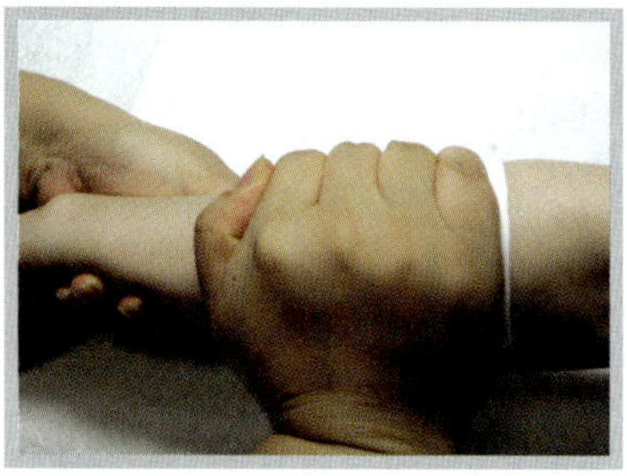

Step 7. 진정시키기

떼어낸 무슬린 천을 반으로 접고 왁싱한 부위를 지그시 눌러 진정시킨다.

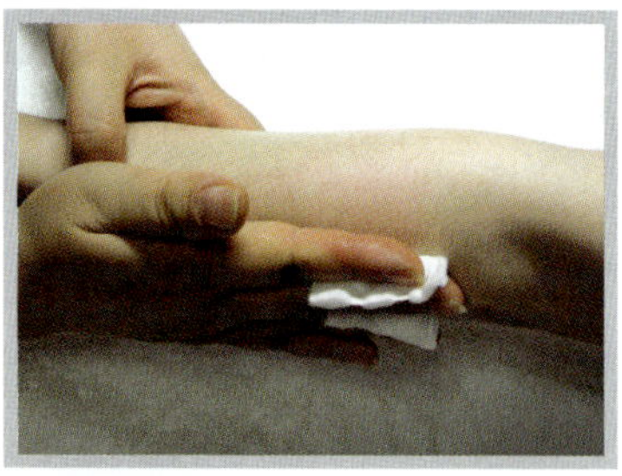

Step 8. 잔여물 제거

화장솜에 오일을 충분히 묻혀 피부에 남아있는 허니 왁스를 깨끗이 제거해준다.

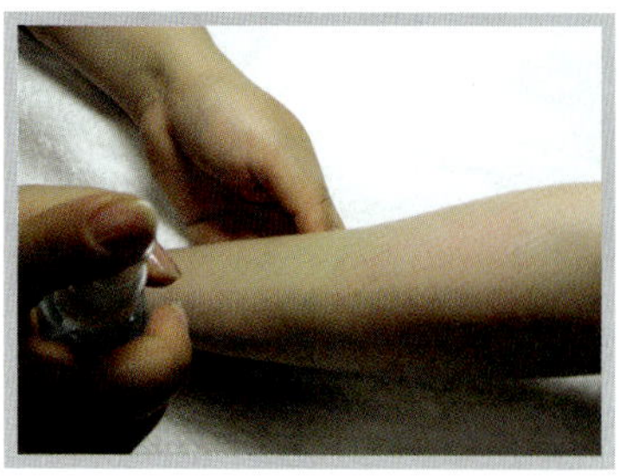

Step 9. 소독

화장솜에 안티셉틱을 묻혀서 가볍게 두드려 준다.

Step 10. 마무리

파우더로 마무리 해준다.

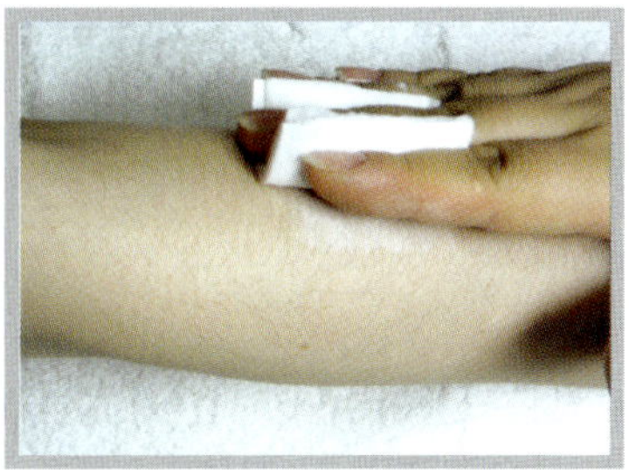

Tip!

제모 후 일정시간 동안은 더운물 목욕과 입욕을 피하도록 한다. 입욕시에 이물질이 침투하여 모낭염을 유발 할 수 있기 때문이다.

2. 눈썹 제모

Step 1. 시술자 손 소독

시술자의 손을 안티셉틱으로 소독한다.

Step 2. 시술 부위 소독

고객의 시술 부위를 소독한다.

Step 3. 파우더를 바르기

왁싱 할 부위에 파우더를 발라 유분과 수분을 제거해준다.

Step 4. 온도 테스트

눈썹 브러시로 눈썹이 자라는 방향으로 쓸어준 다음 제모 부위를 확인한다. 폭이 좁은 스파튤라나 오렌지우드 스틱에 허니 왁스를 묻힌 뒤 시술자의 손목 안쪽에 온도 테스트를 한다.

Step 5. 왁스 도포하기

스파튤라를 45° 각도로 기울여 눈썹이 자라는 방향으로 왁스를 얇게 펴 바른다. (초보자의 경우 원하는 모양보다 약간 아래쪽으로 바르고 나머지 부분은 트위저로 처리하도록 한다.)

Step 6. 천 뜯어내기

2cm정도 크기로 자른 무슬린을 제거할 부위에 대고 털 방향으로 살짝 문지른 다음, 손으로 피부를 당긴 후 털의 반대 방향으로 떼어낸다. (미간의 털을 제거할 때 천을 떼어 내는 방향은 위에서 밑으로 떼어낸다.)

Step 7. 오일 제거

오일을 발라 불필요한 허니 왁스를 제거한다.

Step 8. 남아있는 눈썹 정리하기

오일을 닦아내고 소독된 트위저로 제거되지 않은 털을 털이 자란 방향으로 뽑아낸다.

Step 9. 소독하기

화장솜에 안티셉틱을 묻힌 후 시술부위를 가볍게 두드리듯이 발라준다.

3. 겨드랑이 제모

Step 1. 시술자 손 소독

시술자의 손을 안티셉틱으로 소독한다.

Step 2. 시술 부위 소독

고객의 겨드랑이를 소독한다.

Step 3. 파우더 바르기

왁싱 할 부위에 파우더를 발라 유분과 수분을 제거해준다.

이 때 털이 길면 일단 가위로 자른다.

Step 4. 온도 테스트

겨드랑이의 털의 방향을 확인하며 제모 부위와 면적을 확인한다. 스파튤라나 오렌지우드 스틱에 허니 왁스를 묻힌 뒤 시술자의 손목 안쪽에 온도 테스트를 한다.

Step 5. 왁스 도포하기

겨드랑이는 민감한 부위이므로 좁은 면적으로 스파튤라를 45° 각도로 기울여 털이 자라는 방향으로 왁스를 얇게 펴 바른다.

Step 6. 천 뜯어내기

2cm정도 크기로 자른 무슬린을 제거할 부위에 대고 털 방향으로 살짝 문지른 다음 손으로 피부를 당긴 후 털의 반대 방향으로 빠르게 떼어낸다.

Step 7. 오일 제거

오일을 발라 불필요한 허니 왁스를 제거한다.

Step 8. 남아있는 털 정리하기

오일을 닦아내고 소독된 트위저로 제거되지 않은 털을 털이 자란 방향으로 뽑아낸다.

Step 9. 소독하기

화장솜에 안티셉틱을 묻힌 후 시술부위를 가볍게 두드리듯이 발라준다.

03

Part 03
네일 디자인

Art Design of Nail

1. 체크아트(Check Art)

투명한 계열의 네일 팔리쉬들이 서로 겹치거나 따로 표현될 때 바탕색에 따라 다양한 아트를 표현해 낼 수 있다 .체크 아트 위에 원하는 디자인을 만드는데 스톤이나 펄이 들어있는 팔리쉬 등을 같이 이용하면 더욱 세련된 디자인을 만들어 낼 수 있다.

1) 준비물

① 디자인 라인펜, ② 다양한 색상의 팔리쉬, ③ 베이스 코트, ④ 탑코트
⑤ 핀셋, ⑥ 네일 쥬얼리

2) 시술과정

Step 1. 베이스 코트 바르기

네일위에 베이스코트를 바른다.

Step 2. 에나멜 바르기

바탕색 또는 원하는 디자인에 따라 에나멜을 바른다.

Step 3. 선 그리기 1

원하는 색감의 선을 그린다.

Step 4. 선 그리기 2

한쪽 방향의 선이 그려지면 다른 손가락들도 같은 각도의 선을그린다.

Step 5. 반대쪽 선 그리기

다른 칼라로 반대쪽의 선을 그려 체크의 느낌을 나타낸다.

Step 6. 라인 그려넣기

얇은 디자인 라인 펜으로 체크선을 그린 사이사이에 라인을 그려 넣는다.

Step 7. 장식 붙이기

디자인에 따라 스톤이나 스팽글, 펄 에나멜 등으로 장식을 더해준다.

Step 8. 마무리

탑코트를 바른 후 마무리해준다.

2. 마블(Marble)

마블 디자인은 여러 가지 색상의 팔리쉬 또는 워터 마블 전용 컬러를 오렌지우드스틱, 마블러 등으로 섞어서 문양을 만드는 기법이다.

에나멜을 이용한 '에나멜 마블(Enamel Marble)' 과 물을 이용해 디자인 할 수 있는 '워터 마블(Water Marble)' 이 있다.

1) 에나멜 마블(Enamel Marble)

에나멜 마블은 두 가지 색 이상의 에나멜을 마블링 툴(Marbling tool)로 저어서 대리석 무늬를 디자인한다.

(1) 준비물

① 두 가지 색 이상의 에나멜, ② 글리터 에나멜(Glitter enamel)
③ 탑코트, ④ 베이스코트, ⑤ 마블링 툴

(2) 시술 과정

Step 1. 베이스 코트 & 에나멜 바르기

네일 위에 베이스코트를 바른다. 베이스 코트가 마르기 전에 바탕색 에나멜을 바른다.

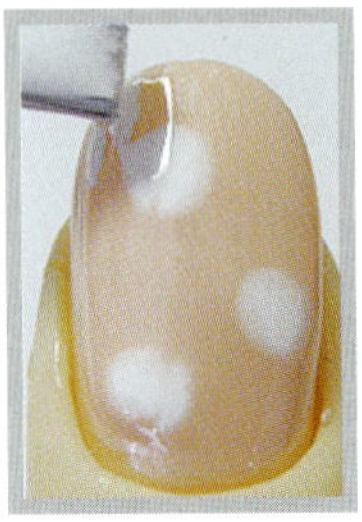

Step 2. 에나멜 떨어뜨리기

다른 색의 에나멜을 몇 방울 떨어뜨린다.

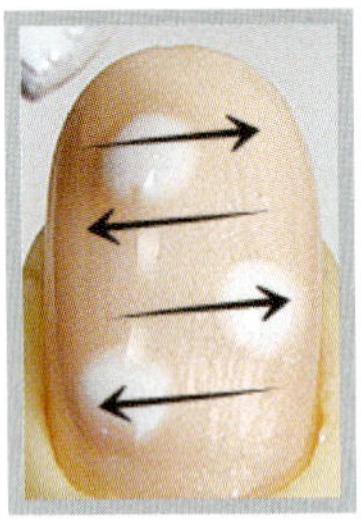

Step 3. 탑코트 떨어뜨리기

탑코트를 2~3방울 떨어뜨린다.

Step 4. 무늬 만들기

마블링 툴로 저어주며 무늬를 만든다.

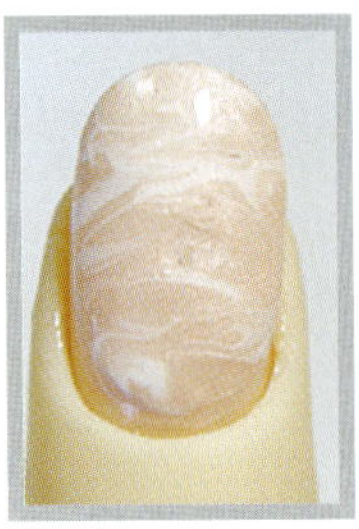

Step 5. 탑코트 바르기

마른 후 탑코트를 바른다.

팔리쉬를 이용한 꽃마블 아트

2) 워터 마블(Water Marble)

워터 마블은 물이 담긴 컵에 원하는 색상의 워터 마블용 에나멜을 한 두 방울씩 떨어뜨리고 마블링 툴로 저어준 뒤 손톱에 묻혀 무늬를 만들어 낸다.

1) 준비물

① 다양한 칼라의 에나멜, ② 탑코트 또는 실러, ③ 에나멜 리무버
④ 물을 채운 볼(Bowl) 또는 컵, ⑤ 화장솜, ⑥ 마블링 툴, ⑦ 오렌지우드 스틱

2) 시술과정

Step 1. 물 위에 에나멜 떨어 뜨리기

작은 볼에 물을 채우고 원하는 여러 가지 색상의 에나멜을 한 두 방울씩 떨어뜨린다.

Step 2. 원하는 디자인 만들기

마블용 툴이나 이쑤시개를 이용해 중간 중간을 저어주어 원하는 디자인을 만들어 낸다.

Step 3. 무늬 찍어내기

팁에 양면테이프 붙여 원하는 문양에 수직으로 넣어 무늬를 찍는다. (손톱에 시술할 경우는 손톱 주위의 피부에 바셀린이나 마스킹테이프를 붙인 후 에나멜이 담긴 컵에 손톱을 넣어 에나멜을 묻혀준다.)

Step 4. 팁 꺼내기

볼안으로 팁을 넣어 에나멜 막을 잘 끊어준 후에 깨끗한 표면으로 팁을 꺼낸다.

Step 5. 탑코트 바르기

물기를 말린 후 탑코트 또는 실러를 발라준다. (손톱에 시술한 경우는 탑코트를 바르고 손톱 주변을 리무버로 깨끗이 닦아준다.)

워터마블을 이용한 아트

3. 핸드 페인팅(Hand Painting)

핸드 페인팅은 가장 기본적인 아트 기법으로 아트용 브러시와 아크릴 물감을 이용하여 손톱위에 직접 디자인하는 방법이다. 아크릴 물감은 내수성이 좋아 잘 지워지지 않고 마른 뒤 물에 닿아도 지워지지 않기 때문에 핸드 페인팅에 적합하다.

1) 준비물

① 아크릴 물감, ② 팔레트, ③ 물통, ④ 탑코트, ⑤ 붓, ⑥ 에나멜

2) 시술과정

Step 1. 에나멜 바르기

손톱에 원하는 색의 에나멜을 발라준다.

Step 2. 디자인 하기

아크릴릭 물감을 이용하여 선과 디자인을 가장 먼저 안정감 있고 보기 좋은 위치에 그린다.(소재의 선택은 매우 다양하며 동물, 꽃, 캐릭터, 곤충, 문양 등을 적절히 이용한다.)

Step 3. 채색하기

문양의 크기에 따라 브러시의 사이즈를 바꿔가며 사용하도록 한다. 브러시를 물에 적신 후 물감을 사용하나 물감을 너무 묽게 사용하면 무늬가 얼룩이 져서 예쁘지 않으므로 주의한다. 사용 후에는 빨리 물로 닦아 보관하도록 하며 경우에 따라 브러시 클리너를 사용할 수도 있다.

Step 4. 꽃잎 그리기

꽃잎의 개수는 다섯 잎 정도가 가장 보기 좋으며 모티프의 숫자는 짝수 보다는 홀수가 좋고 선의 방향도 직선보다는 곡선이, 대칭보다는 비대칭의 구도가 아름답다.

Step 5. 장식하기

꽃 수술의 경우 스톤을 올려놓거나 보색의 물감을 이용하여 점을 찍듯이 입체감 있게 올려주면 좋다.

Step 6. 탑코트 바르기

완성 후 아트 탑코트나 실러(Sealer)를 발라 아트의 지속성을 높인다.

캐릭터적인 문양을 이용한 핸드페인팅

선을 이용한 핸드페인팅

4. 포크아트(Fork Art)

포크아트를 말 그대로 해석하면 '전통예술', '민속예술' 등으로 표현할 수 있다. 이런 포크아트의 변천사는 화가나 전문적으로 그림을 구현하는 장인들에 의한 아트라기 보다는 대중적인 아트로서 발전을 이루어왔다. 또한 포크아트는 빨리 마르고 내구성이 뛰어난 아크릴 물감의 개발로 누구나 쉽게 즐기며 배울 수 있도록 함으로써 포크아트의 일반화에 획기적 역할을 하게 되었다. 포크아트의 매력은 그림을 그려보지 않은 사람도 충분히 즐길 수 있다는 것이며, 일상생활의 많은 제품들에 구현 가능하며 요즘엔 네일아트에서도 많이 이용되고 있다.

1) 준비물

① 아크릴 물감, ② 팔레트, ③ 물통, ④ 탑코트, ⑤ 붓, ⑥ 에나멜

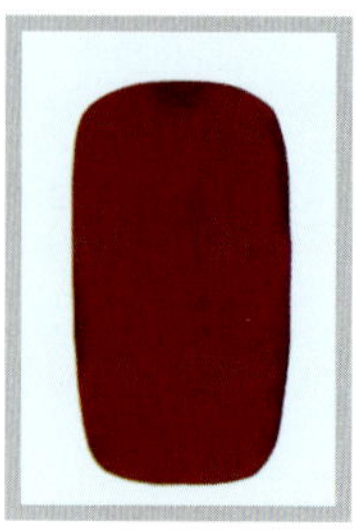

2) 시술과정

Step 1. 에나멜 바르기

손톱에 원하는 색의 에나멜을 발라준다.

Step 2. 꽃잎 그리기

흰색과 보라색 아크릴 물감을 붓에 한번에 묻힌 후 꽃잎을 그려준다.

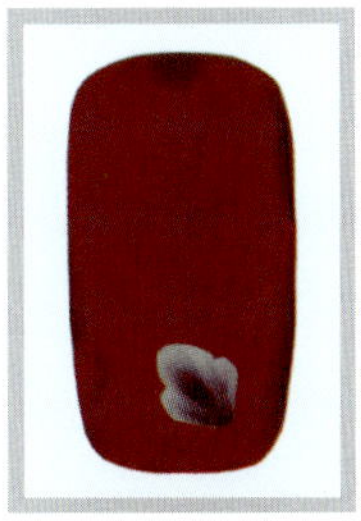

Step 3. 꽃잎 채우기

전체 손톱의 구도와 통일성을 생각하여 꽃잎을 채워 나간다.

Step 4. 나뭇잎 그리기

방향성을 생각하며 꽃잎의 위치를 잡아 그려 넣어준다.

Step 5. 디자인 완성하기

전체 구도를 맞추어 디자인을 채워 나가고 펄 등을 뿌려 화려함을 더해준다. 아트 탑코트나 실러(Sealer)를 발라 아트의 지속성을 높인다.

5. 그라데이션 아트(Gradation Art)

스펀지에 여러 가지 칼라를 찍어서 손톱위에 색상을 표현하는 방법으로써 일반적으로 그라데이션 아트라고 하나 스폰지 아트라고 하여 그라데이션이 아닌 다양한 색상의 표현도 가능하다. 스펀지 그라데이션 아트는 크게 일반 칼라 그라데이션, 시럽 그라데이션, 글리터 그라데이션, 펄 칼라 그라데이션 등으로 나뉜다.

1) 준비물

① 바탕색으로 사용할 에나멜, ② 다양한 팔리쉬 색상들, ③ 탑코트
④ 베이스코트, ⑤ 리무, ⑥ 호일, ⑦ 솜, ⑧ 오렌지 우드스틱, ⑨~⑩ 스펀지

2) 시술 과정

Step 1. 베이스 코트 바르기
자연 네일에 베이스 코트를 칠해준다.

Step 2. 에나멜 펴 놓기

호일위에 원하는 세가지정도 팔리쉬를 선의 느낌으로 칠해 놓는다.

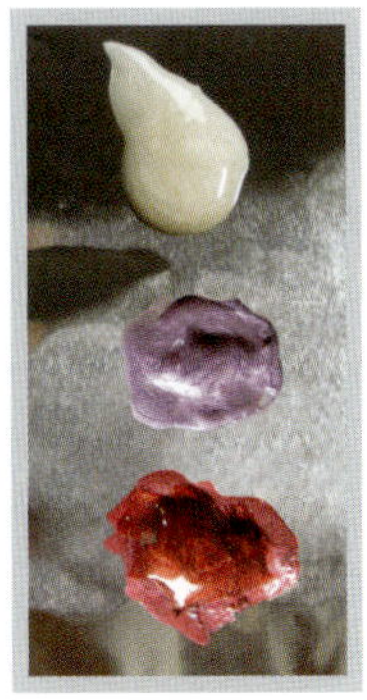

Step 3. 스펀지에 에나멜 바르기

스펀지를 Step2 위에 톡톡 찍어 세가지 정도 색상이 잘 믹싱 되도록 한다. (스펀지에 바로 에나멜을 묻혀서 사용해도 된다.)

Step 4. 네일에 에나멜 바르기

자연 네일에 힘을 빼고 자연스럽게 찍는다.

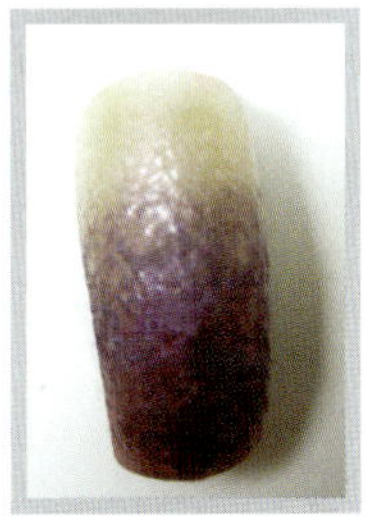

Step 5. 그라데이션 하기

점진적인 변화를 만들고자 하기 때문에 같은 힘으로 톡톡 두들기며 칠해준다.

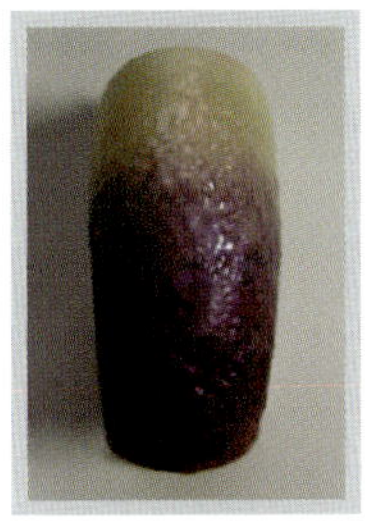

Step 6. 색 입히기(2-coat)

Step3~Step5 반복으로 2-coat 한다.

Step 7. 탑코트 바르기

탑코트를 칠하고 마무리한 후 오렌지 우드스틱에 솜을 말아 손톱 주변에 묻어 있는 팔리쉬의 여분을 닦아낸다.

펄칼라 그라데이션

글리터 그라데이션

일반 그라데이션

시럽그라데이션

6. 프로 트랜스(Pro trans)

코팅되어 인쇄된 그림이나 사진을 떼어내어 손톱 위에 올려 디자인하는 것으로 디자인의 소재가 다양하고 쉽게 할 수 있는 장점이 있다.

1) 준비물

① 물이 담긴 볼이나 컵, ② 필름이 입혀진 인쇄된 종이 그림(ex: 일반 잡지 종이 등)이나 사진, ③ 탑코트, ④ 샌딩 블록, ⑤ 핀셋, ⑥ 오렌지 우드스틱, ⑦ 가위

2) 시술과정

Step 1. 디자인 오리기

인쇄된 종이의 디자인하고자 하는 부분을 중심으로 네일 크기의 2배 정도로 크게 오린다.

Step 2. 디자인 위에 탑코트 바르기

디자인할 부분을 네일 크기보다 약간 크게 2회 정도 반복하여 탑코트를 발라준다.

Step 3. 물에 담그기

탑코트가 마른 후 종이를 물에 1~2분 정도 담가둔다.

Step 4. 뒷부분 종이 벗기기

종이를 건져 내어 탑코트 바른 뒷부분을 샌딩 블록으로 살살 긁어낸다.

Step 5. 필름 상태로 만들기

종이를 완전히 긁어내어 그림을 투명한 필름상태로 만든다.

Step 6. 손톱에 디자인 올리기

네일에 베이스코트를 바른 후 필름종이를 핀셋으로 집어 손톱위에 올려준다. 네일 가장자리부분을 오렌지우드스틱으로 골고루 눌러 종이가 울거나 기포가 생기지 않도록 한다.

Step 7. 탑코트 바르기

탑코트를 너무 얇거나 두껍지 않게 주의하며 네일 전체에 바른다.

7. 스트라이핑 테이프(Striping Tape)

다양한 컬러의 얇은 테이프를 이용한 아트기법으로 대칭이나 비대칭의 원리나 기하학적 무늬 등을 만들어 낼 수 있다. 테이프의 뒷면에는 스티커 형태의 끈적임이 있어 잘 부착되며 팔리쉬가 마른 후 네일 위에 원하는 디자인을 만드는데 스톤이나 펄이 들어있는 팔리쉬 등을 같이 이용하면 더욱 세련된 디자인을 만들어 낼 수 있다.

1) 준비물

① 에나멜, ② 베이스 코트, ③ 탑코트, ④ 네일 스톤, ⑤ 스트라이핑 테이프,
⑥ 가위, ⑦ 핀셋

2) 시술과정

Step 1.

네일위에 베이스코트를 바른다.

Step 2.

바탕색 또는 원하는 디자인에 따라 에나멜을 바른다.

Step 3.

팔리쉬가 건조되면 원하는 위치에 테이프를 고정시키고 약간 넉넉하게 잘라낸다.

Step 4.

위의 과정을 반복하여 디자인을 완성한다.

Step 5.

패턴이 완성되면 넉넉하게 남겨 두었던 테이프를 원하는 위치에서 잘라낸다. 이때 끝부분이 들뜨지 않도록 주의한다. 그렇지 않으면 잘 벗겨지기 때문이다.

Step 6.

디자인에 따라 스톤이나 스팽글, 디자인 팔리쉬 등으로 장식을 더해준다.

Step 7.

탑코트를 바른 후 마무리해준다.

8. 아크릴릭 디자인 스캅춰 (Acrylic Design Sculpture)

네일 폼 위에 다양한 컬러의 아크릴릭 파우더를 이용하여 디자인함으로써 손톱을 장식하고 길이를 연장하는 시술방법이다. 파우더의 컬러와 투명도, 글리터, 스톤 등을 이용해 다양한 연출을 할 수 있고 그 위에 클리어 파우더를 덮어 마무리 해주는 기법이다.

1) 준비물

① 핑크 파우더, ② 클리어 파우더, ③ 아크릴릭 리퀴드, ④ 브러시 크리너, ⑤ 팔리쉬 리무버, ⑥ 안티셉틱, ⑦ 탑코트, ⑧ 베이스코트, ⑨ 프리 프라이머, ⑩ 큐티클 오일, ⑪ 디펜디쉬 볼, ⑫ 폼, ⑬ 샌딩블럭, ⑭ 디스크 패드, ⑮~⑰ 파일, ⑱ 니퍼, ⑲ 아크릴릭 브러시, ⑳ 푸셔, ㉑ 솜

2) 시술 과정

Step 1. 손 소독하기

시술자의 손을 소독한 후 고객의 손등과 손바닥을 골고루 닦아준다.

Step 2. 팔리쉬 제거하기

리무버를 묻힌 화장솜을 네일 위에 얹은 후 5초정도 지난 후 팔리쉬를 제거한다.

Step 3. 큐티클 밀기

푸셔에 힘을 주지 않고 큐티클을 밀어준다(불필요한 루즈 스킨도 제거).

Step 4. 손톱 길이 정리 및 광택 제거

자연네일의 프리엣지 부분을 0.5~1mm 정도만 남기고 정리해주고 팁이 잘 접착되도록 샌딩블럭을 이용하여 네일 표면의 유분과 광택을 제거한다.

Step 5. 찌꺼기 제거하기

불필요한 찌꺼기를 라운드 패드나 브러시를 사용하여 깨끗이 털어낸다.

Step 6. 프리 프라이머 바르기

자연네일에 프라이머를 발라준다. 프라이머는 PH밸런스 조절기능을 하며 유분기 제거에 도움을 주어 접착성을 높여준다.

Step 7. 프라이머 바르기

첫 번째 바른 프라이머가 마르면 다시 한 번 피부에 묻지 않도록 주의하며 소량의 프라이머를 바른다.

Step 8. 네일 폼 끼우기

자연네일의 프리엣지 모양에 맞춘 후 손톱 밑에 밀착되도록 끼운다. (이때 폼이 너무 처지지 않도록 하고 폼과 자연 네일 사이가 뜨지 않도록 필요시엔 폼을 재단하도록 한다)

Step 9. 아크릴릭 파우더 및 리퀴드 준비하기

아크릴릭 파우더와 리퀴드를 준비하고 붓을 닦을 수 있는 클리너와 종이 타월을 준비한다.

Step 10. 프리엣지 부분에 볼 올리기

폼과 자연 손톱의 경계를 없애주기 위해 프리엣지 밑으로 클리어 파우더로 얇게 펴 준다.

Step 11. 디자인하기

그라데이션 파우더로 배경을 만들어 주고 작은 볼을 떠서 중심이 되는 꽃잎을 5장 만들어 준다.

Step 12. 디자인하기

꽃 중심에서 사방으로 퍼지는 형태로 꽃잎을 한 장씩 만들어 준다.

Step 13. 클리어 파우더 올리기

클리어 파우더를 전체적으로 덮어준다.

Step 14. 핀칭

아크릴릭이 거의 말랐을 때 양쪽 엄지손톱으로 스트레이트 포인트를 지그시 눌러 C커브를 만들어 준 다음 네일 폼을 제거한다.

Step 15. 파일링

디자인의 손상이 없도록 파일링 한다.

Step 16. 표면 정리하기

고운 파일을 이용해 표면에 잔 흠집이 남지 않도록 매끄럽게 정리해준다.

Step 17. 마무리

3way 파일로 광택을 내주고 오일로 마무리 한다.

9. 아크릴 엠보아트(Acryl Embo design)

아크릴 엠보아트는 기존의 아크릴 디자인 스캅춰의 디자인들이 좀 더 두꺼워지면서 기존 인조 손톱 위에 아크릴 파우더로 디자인을 구현하는 것을 말한다. 3-D(Dimension)Art 라고도 명칭 한다. 아크릴릭 파우더 이외에도 다양한 재료를 활용해 입체적이고 조형적 아름다움을 지닌 창작물을 만들어 낼 수 있다.

1) 준비물

① 아크릴릭 핑크 파우더, ② 화이트 파우더, ③ 아크릴릭 파우더,
④ 브러시 클리너, ⑤ 탑코트, ⑥ 글루, ⑦ 컬러 파우더, ⑧ 디펜디쉬
⑨ 호일, ⑩ 핀셋, ⑪ 아크릴 브러시, ⑫ 필요에 따라 철사나 와이어

2) 시술 과정

(1) 아크릴 엠보

Step 1. 에나멜 바르기
구상한 디자인과 어울리는 에나멜 컬러를 선택하여 네일에 발라준다.

Step 2. 중심 부위에 꽃잎 잡아주기

디자인의 중심이 되는 위치를 선정하여 중심 부위부터 꽃잎을 표현한다. 3개의 꽃잎이 겹쳐진 모양으로 표현한다.

Step 3. 꽃잎 디자인하기

디자인의 형태를 따라 꽃잎을 만들어 올린다.

Step 4. 잎사귀 표현하기

비스듬한 위치에 적당한 크기의 잎사귀를 표현한다.

Step 5. 탑코트 바르기

비즈나 진주 등의 장식을 더해주고 탑코트를 발라준다.

(2) 3D Art 디자인

Step 1. 리퀴드 준비하기

리퀴드에 브러시 클리너를 섞으면 아크릴 파우더가 굳는 속도가 늦춰져 원하는 모양을 잡는데 용이하다.

Step 2. 꽃잎 디자인하기

호일위에 컬러 파우더로 원하는 디자인의 꽃잎을 만들어 올린다.

Step 3. 와이어 붙이기

꽃잎이 완전히 마르기 전에 꽃잎을 말아 모양을 낸다. 와이어를 뼈대로 만들어 3D아트를 할 경우 와이어를 감아가며 기본 골격을 만들어준다. 꽃잎이 어느 정도 마르면 핀셋을 이용해 떼어낸 뒤 글루나 젤을 이용해 와이어에 부착시킨다.

Step 4. 나뭇잎 만들기

꽃이 완성되면 꽃 받침대와 잎사귀를 만들어 사실적으로 표현한다.

Step 5. 탑코트 바르기

완성된 아트에 탑코트를 발라 색감이 더욱 선명하고 광택이 느껴지게 한다.

10. 에어브러시(Airbrush)

에어브러시는 압축 공기를 만드는 컴프레서를 사용하여 브러시를 통해 공기를 품어내는 것으로 자연스러운 색상 조화와 다양성을 갖춘 소재를 빠르고 간편하게 표현할 수 있는 것이 장점이다.

에어브러시의 기본 동작은 간단하여 당김쇠(메인 레버)를 검지로 누르면 컴프레서를 통해 에어가 페인트와 함께 뿜어져 나온다. 당기는 힘의 세기에 따라 선의 굵기와 칼라, 선명도를 다르게 조절 할 수 있다.

1) 에어브러시의 구조

① 컴프레서(Compressor)
공기를 분사하기 위해 필요한 공기 생산 기능을 갖춘 모터

② 에어브러시 건
용도에 따라 여러 종류의 건이 있는데 담을 수 있는 물감의 양이나 바늘의 굵기 등에 따라 다르다. 네일 아트에는 0.2mm노즐의 건이 적당하다.

2) 에어브러시 건의 분해도

에어브러시 건은 제품회사의 제작 방식에 따라 조금씩 차이가 있으나 기능과 공법의 구조는 일치한다. 그러나 건의 구조에 차이가 있음을 감지한 후 숙지하고 사용하도록 한다.

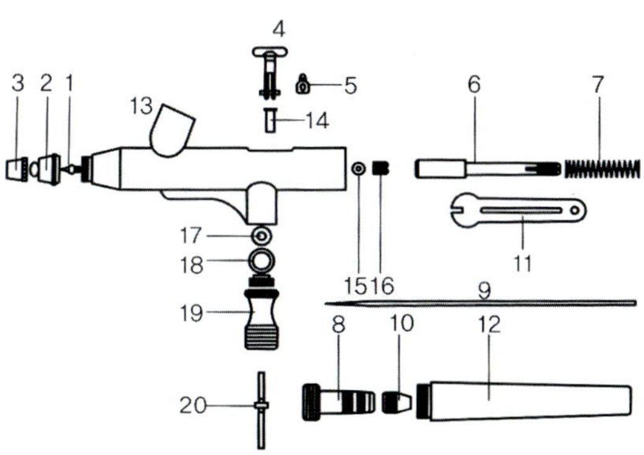

① 노즐(Nozzle)

물감을 방출시키는 통로로 에어브러시 부품 중 취급에 가장 주의해야 한다.

② 노즐 캡(Nozzle cap)

노즐과 캡의 끝과 끝이 결합되면서 형성된 미세한 공간을 정밀한 각도와 공간에 어우러져 분사가 가능하도록 하는 역할을 한다. 노즐 캡을 잘 청소하지 않아 물감이 막히면 페인트 컵에 거품이 생기거나 레버를 작동시켜도 공기가 방출되지 않아 페인트가 불규칙하게 분사되는 현상이 생긴다.

③ 니들 캡(Needle cap)

공기 분사 시 분사되는 물감이 외부의 공기와 접촉되면서 물감이 건조해지는 것을 막아주며, 공기와 물감분사 방향을 일정하게 잡아주는 역할을 한다. 즉 똑바로 분사 될 수 있도록 도와주는 부품이다.

④ 메인 레버(Main lever)

레버를 누르면 공기가 뿜어져 나오고 누른 상태에서 뒤로 당기면 물감이 분사된다. 누르는 강도와 누르는 시간에 따라 물감의 강약이 조절된다.

⑤ 엑셀 레버(Auxiliary lever)

메인 레버와 니들 가이드의 접촉 시 손상을 방지한다.

⑥ 니들 가이드(Needle guide)

니들을 고정시켜 주는 역할을 한다.

⑦ 스프링(spring)

전진탄력의 힘을 실어준다.

⑧ 스프링 가이드(Spring guide)

니들 가이드의 자리이탈 방지와 스프링의 탄력을 지속시켜 준다.

⑨ 니들(Needle)

물감의 분사량을 조절하기 위한 장치. 니들의 끝 부분에 물감의 잔여물이 생기지 않도록 하며 충격에 주의한다.

⑩ 쳐킹 너트(Chucking nut)

바늘의 일정한 움직임을 원하는 데로 조정해 주는 물림쇠로 니들 가이드와 니들이 서로 결합하여 움직이도록 도와준다. 에어브러시 건을 사용하지 않을 때는 쳐킹 너트를 살짝 풀어주어 바늘을 노즐로부터 이탈시켜 주는 것이 좋다.

⑪ 렌치(Wrench)

니들을 풀거나 조일 때 사용한다.

⑫ 핸들(Handle)

사용하고 난 후에는 핸들을 조립하여 보관한다.

⑬ 투입구(Fluid cup)

물감 주입구

⑭ 밸브 피스톤(Valve piston)

⑮ 패킹 플루이드 니들(Packing fluid needle)

⑯ 니들 패킹 스크류(Needle packing screw)

⑰ 패킹 밸브 피스톤(Packing valve piston)

⑱ 에어 밸브 가이드(Air valve guide)

⑲ 에어 밸브 바디(Air valve body)

⑳ 에어 밸브(Air valve)

※ 10~1의 순으로 분해하고 1~10의 순으로 조립한다.

3) 에어브러시 아트 도구

① 에어브러시 전용 물감

투명 · 불투명, 형광, 금, 은, 펄 등 여러 가지 종류의 물감이 있으며 펄이 들어 있는 물감의 경우 물감의 입자가 커서 건이 잘 막히는 현상이 생기므로 주의하도록 한다. 따라서 물감을 사용하기 전에, 물감의 색에 따라 농도와 입자가 다르므로 특성을 잘 파악해야 한다.

② 스텐실

접착 스텐실과 필름 스텐실로 나눌 수 있으며 필요에 따라 본인이 제작 할 수도 있다. 접착 스텐실은 두께가 얇고 잘 밀착되어 세밀한 디자인 작업도 용이하지만 수명이 짧은 단점이 있고 필름 스텐실은 한번 제작하면 반영구적으로 사용할 수 있지만 재단의 어려움이 있다.

③ 핀셋

스텐실이 상하지 않도록 도와준다. 접착식 스텐실을 사용할 경우 핀셋을 사용하면 좋다

④ 알코올 또는 클리너

에어브러시 건을 청소할 때 사용한다. 전용 클리너의 경우 공기 중에 물감 방울이 번지는 것을 방지 할 수 있다.

⑤ 에어브러시 전용 베이스코트

보통 펄 에나멜을 쓰는 경우가 많다.

⑥ 에어브러시 전용 탑코트

디자인을 보호하고 광택을 증가시킨다. 일반 탑코트의 사용 시 디자인이 번지는 경우가 있다.

⑦ 청소용 브러시

건의 사용 전 · 후에 청소할 때 사용하며 스텐실용 브러시를 사용하기도 한다.

⑧ 핑거 레스트

시술시 손가락을 고정시킨다.

4) 준비물

① 에어브러시 물감, ② 오렌지 우드스틱, ③ 솜, ④ 탑 코트, ⑤ 스텐실,
⑥ 에어브러시

5) 시술 과정

Step 1. 베이스 코팅작업

베이스 코트로 화이트 펄 에나멜을 바른 후 배경색을 지정해 준다.

Step 2. Fluid cup에 물을 담아 분사하기

세팅된 에어브러시 건의 물감 주입구(Fluid cup)에 물을 조금 담아 분사한다. (노즐의 상태를 체크할 수 있을 뿐만 아니라 페인트가 건의 내부에 고착되어 구멍이 쉽게 막히는 것을 방지 할 수 있다.)

Step 3. Fluid cup에 물감 담기

선택한 배경색 물감을 흔들어 준 뒤 적당량을 Fluid cup에 담는다.

Step 4. 배경색 그라데이션

에어브러시 건의 손잡이를 누른 상태에서 뒤로 살짝 당겨 네일의 밑 부분부터 위로 분사한다. 진하게 하고자 하는 부위는 레버를 누르고 있는 시간과 강도를 높이고 연하게 하고자 하는 부위는 레버를 살짝 당겨 가볍게 스치듯 지나간다.

Step 5. 에어브러시건 세척

물감을 교체하고자 할 때는 큰 붓에 물을 듬뿍 적셔 Fluid cup 내부의 페인트를 닦아 내고 물을 담아 물감이 제거될 때까지 두 세 차례 반복하여 분사하도록 한다.

Step 6. 스텐실을 이용해 무늬 넣기

원하는 디자인의 스텐실을 네일에 대고 흰색을 분사한다. 이때 건의 각도는 90° 로 해야 스텐실이 움직이지 않을 뿐만 아니라 선명한 디자인을 표현할 수 있다.

Step 7. 디자인 완성

물감의 색을 교체하기 위해 Step 4의 과정을 반복해 준 뒤 원하는 색을 흔들어 준 뒤 Fluid cup에 담아 디자인을 완성해준다.

Step 8. 마무리

탑코트를 바르고 디자인을 마무리한다.

Step 9. 에어브러시 세척하여 보관하기

에어브러시 건의 세척을 위해 물감이 마르기 전에 Step 4의 과정을 반복하여 세척해주고 주위의 잔여 컬러는 에어브러시 클렌저나 에탄올 등에 적신 화장솜을 오렌지 우드 스틱에 감아 제거하도록 한다. 노즐을 막고 있는 물감은 에탄올을 Fluid cup에 넣은 뒤 가볍게 노즐을 손가락으로 막고 레버를 당긴 상태에서 공기가 안에서 순환하게 하여 막힌 물감을 녹여낸 뒤 제거 하도록 한다.

Tip!

스텐실 세척 방법

사용한 스텐실은 접시위에 올려놓고 스텐실 붓이나 유화 붓에 리무버를 묻혀 닦아낸 뒤 보관하도록 한다. 스텐실 보관 시에는 작은 사진첩에 검은색의 종이를 사이사이에 끼워준 뒤 그 안에 스텐실을 하나씩 넣어 보관하면 모양이 상하지 않을 뿐 아니라 찾기도 용이하다.

04

Part 04

네일 아트 갤러리

사진출처
도쿄 박람회, www.cyworld.com/ gracekelly1(윤지희)

Art Design of Nail

RO

Kitty
Kitty

RUSTIQUE

Kelly